U0726391

影响力

意志力

创新力

邢群麟　胡宝林 编著

线装書局

对众多成功人士（科学家、企业家、思想家、政治家、艺术家）的成功过程及其成功素质的研究表明，成功的途径虽然千差万别，但大多数成功者都具备一些相同的内在素质，其中有三个决定性素质是基本一致的，那就是强大的影响力、坚忍不拔的意志力和源源不断的创新力。成功人士一般至少具备其中的一种素质，一些非常杰出的人，可能具备其中的两种甚至三种。实际上，成功的过程同时也是成就一个人自身的过程，人自身成功到什么程度，事业就能成功到什么程度。

影响力是一种独特的魅力，时时刻刻影响着周围的人，并且给予对方一种神奇的力量，甚至可以影响身边的人。影响力也是一种出色的个人能力和综合素质，是一个人在群体中价值的集中体现。拥有影响力的人，往往也是社会上最具成功素质的人士。

意志力是一种发自内心的、自我驱动的力量，是对于自己所选择的目标抱有的坚定信念。顽强的意志力是每个成功人士都拥有的最主要的精神特质，它决定了一个人的成功之路可以走多远。成就一番伟业，需要经历一个相对漫长的连续奋斗的时期，其间会遇到许多意想不到的困难，推进一个事业，需要长年累月大量地劳动。没有一项事业是一蹴而就、轻而易举的完成的。这种长期的艰苦劳动，对于许多意志薄弱的人来说，是生命不能承受的重负，但对于成功者来说，这恰恰是乐趣的来源。

创新力是人类能力中层次最高的一种能力，它是一种对现状的突破力，是一种不走寻常路的魄力，是一种勇于超越的能力。在这个优胜劣汰、竞争空前激烈的现代社会，创新力就是制约个人、企业、社会的生存与发展的诸多因素中最关键的因素，是促进组织或个人成功的有效工具。虽然创新力的高低在不同的环境下形式和内容各不相同，但不论对个人、对社会，还是对国家而言，创新力越高，其所拥有的竞争力就越强，所占有的优势就越明显。

本书在总结众多成功人士经验的基础上，全面、深入地揭示了影响力、意志力和创新力的内涵和现实意义，为政治、经济、管理、职场等不同领域和不同层次的人们详尽提供了发掘和提升影响力、意志力和创新力的有效方案和途径，帮助他们在今后的生活实践中，打造强大的影响力，锤炼坚忍不拔的意志力，培养良好的创新习惯和思维，从而有效应对纷繁复杂和竞争激烈的时代，拓展事业和生活空间，实现人生目标，成就辉煌事业和美好人生。本书同时也为企业和组织扩大社会影响，革新现状，突破困境，应对危机和挑战，在激烈的竞争大潮中立于不败之地，提供了积极有效的参考和指导。

目录

第三篇　**创新力**

第一篇

影响力

影响力是一种独特的魅力，时时刻刻影响着周围的人，并且给予对方一种神奇的力量，甚至可以影响身边人的终生。拥有影响力的人，往往也是社会中最具成功素质的人士。

你为什么需要影响力

人与人的交往不仅仅是沟通与交流，有的时候则是意志力与意志力的对抗，不是你影响别人，就是你被别人影响。拿破仑·希尔曾经说过："在别人的影响下生活着，就等于被别人的意志给俘虏了，这样的人即使再优秀，也不会登上一把手的宝座。"

只有影响力大的人才能成为最强者

有这样一个笑话：刘亦民是台湾的农民，从来没有出过远门。他攒了半辈子的钱，终于参加一个旅游团出了国。

国外的一切都是非常新鲜的，关键是，刘亦民参加的是豪华团，一个人住一个标准间。这让他新奇不已。

早晨，服务生来送早餐时大声说道："Good morning，sir！"

刘亦民愣住了。这是什么意思呢？在自己的家乡，一般陌生人见面都会问："您贵姓？"

于是刘亦民大声叫道："我叫刘亦民！"

如是这般，连着三天，都是那个服务生来敲门，每天都大声说："Good morning,sir！"而刘亦民亦大声回道："我叫刘亦民！"

这个服务生也太笨了，天天问自己叫什么，告诉他又记不住，很烦的。终于他忍不住去问导游，"Good morning,sir"是什么意思，导游告诉了他。天啊！真是丢脸死了。

刘亦民反复练习"Good morning,sir"这句话，以便能体面地应对服务生。

又一天早晨，服务生照常来敲门，门一开刘亦民就大声叫道："Good morning,sir！"

与此同时，服务生叫的是："我叫刘亦民！"

这个笑话告诉我们，人与人交往，常常是意志力与意志力的较量。而我们要想成功，一定要培养自己的影响力，只有影响力大的人才可以成为最强者。

八百里水泊梁山，一百单八位英雄好汉，坐头把交椅的是又黑又矮的宋江。论武艺，他比不上林冲、武松、鲁智深等人，就连缺心眼的李逵，沂岭上连杀四虎，勇猛过人，也比他强多了。论文采，他比不上会写苏、黄、米、蔡四家字体的"圣手书生"萧让。论计谋，他比不上"智多星"吴用、"神机军师"朱武。就算是依照前首领晁天王晁盖的遗言，也应该是由活捉了史文恭的卢俊义接任。不管怎么说，都轮不到宋江。可是众英雄就是只服他一个人，言听令从。就算后来对他的招安路线心怀不满,也没有人弃之而去,还跟着他南征北讨。到最后马革裹尸,断臂出家,毒酒穿肠,也没有一个人对他心怀仇怨。为什么?

宋江能坐第一把交椅,靠的就是他的影响力。想当年,早在山东郓城做押司的时候,他就声名在外。提起"及时雨"宋公明,江湖的豪杰好汉哪个不知,谁人不晓。等到他在江州问斩,许多英雄前去劫法场相救,其影响力之大可见一斑。

这就是影响力的威力。有人说,影响力本质上就是一种控制力。更准确地说,影响力是一种让人乐于接受的控制力。它与权力不同,影响力不是强制性的。它发挥作用是一个很微妙的过程,它以一种潜意识的方式来改变他人的行为、态度和信念。没有人能够抗拒它,因为它来得悄无声息,等你察觉时,早已经被它俘获了。

影响力取代权威

现在已经不是"有权不用过期作废"的时代了,特别是在组织结构扁平化的企业,权力就像一只干瘪的皮球,如果不充气的话,就无法指望皮球会弹跳起来。而影响力却是很好的气筒,它能够令干瘪的皮球重新膨胀起来,并且焕发力量。或者说,激发权力的关键过程是施加影响,它的能力则包括沟通、理解、适应和自我表现等。我们认为,随着权威式的由上至下的金字塔形管理被逐步扬弃后,取而代之的必然是影响力领导的崛起。

权力伴随着每个组织而产生,不管是大公司还是小型的生产企业,即使是企业里基层的员工都可以找到自己的权力。文员有处理文件和发送传真的权力,保安员守卫大门时有询问的权力……只要有职位就会有相应的权力。换句话说,在围绕企业目标的执行过程中,权力也可以说是一个人在某个位置上的义务。只有个人力量才是来自于个性所产生的影响力。

一个领导者光有权力是不够的，关键要看他是否具备影响力。企业家有远大的战略眼光，却很难提拔一批企业所需的管理人才，这一常见矛盾既说明"放权"的必要性，也强调"影响力"的补缺作用。万科公司的精神领袖王石，就是一位非常注重影响力的领导者。随着公司的快速发展，他毫不担心地将手中总经理的大权下放给自己培养起来的职业经理，让他们更自由地运营公司。与此同时，无论是给摩托罗拉公司拍广告，还是登上珠穆朗玛峰，王石的做法使自己得到了更大的"权力"——影响力。

当一个人假借权力而获得权威，人们通常会鄙视他，或称他狐假虎威。虽然权力本身的各种形式能促使别人做事或者改变他们的行为，但是不管是职位的优势还是技术专长的力量，在一定程度上都是具有强制性的。其结果只能改变别人的表面行为，而不是他们内心的感觉和信念的真正认同。与此相反，影响力却是以一种潜意识的方式来改变他人的行为、态度和信念，这种力量不仅使他人感受到你的吸引力，而且还激励他人做你想要他们做的事。所以说，影响他人的能力同样是成功管理的重要组成部分。

原通用电气的首席执行官杰克·韦尔奇以及 IBM 公司的董事长郭士纳，他们都是在国际商业界极具影响力的人物。前者运用温和的影响战略来对他的组织进行改革并最终获得成功，从而革除了 GE 典型的"大棒加铁链"式的权力模式；后者则用影响的杠杆撬动了 IBM 这样的庞然大物，使得"大象能够跳舞，蚂蚁就必须离开舞台"成为至理名言。

许多事实证明，高度官僚化的、森严的命令和控制结构已经不适应今天的企业，而影响力因素必将盖过权力因素，成为管理精英的明智选择。

影响别人的能力无疑是最具内涵的管理技巧，而非滥用权力或者权威的蔓延。不断变化的社会环境、技术进步，以及组织结构的精简都使正式权威的效力大为降低，而影响力却正在发挥隐藏的巨大作用。越来越多的事实要求我们，为了取得高效率，领导者必须抛弃所谓的权威，依靠自己的影响力去重新审视别人，并把事情做好。只有具有影响力的领导者，才能成为别人心目中的权威人士。

非权力影响力体现个人能力

人一旦拥有了合法的权力，就同时拥有了不同程度的权力性影响力，这种影响力在发生作用的过程中带有自身特点：首先，对他人的影响带有强迫性；其次，以外部推动的形式发生作用，对被管理者的激励作用不大；再次，管理者和被管理者的心理距离较大，后者的心理和行为是被动服从的，缺乏自觉性、主动性和积极性。

而非权力性影响力是一种特殊的力量，能突破权力的障碍而发挥重要作用。

管理者的影响力是从下属与领导者之间的相互作用中产生的。领导力是一种人与人之间的影响，这种影响像一张相互作用的网把所有参与者联系起来。管理者与下属的相互作用是基于信任，他以个人威望和人格魅力激励别人甘心情愿地与自己保持一致，管理者身上具有的这种特殊的吸引力、影响力，就是一种非权力性影响力。

非权力影响力的特点

非权力影响力是管理者自身素质和行为造成的，与管理者的法定权力没有必然的联系，其产生的基础要比权力性影响力广泛得多。这种影响力尽管表面上并没有合法权利那种约束力，但实际上，它不仅确实具有权力的性质，而且常常能发挥合法权利所不能发挥的作用，它对被管理者产生的心理和行为的影响是建立在他人信服的基础上，因此，它具有与权力影响力相反的特点：

1. 这种影响力是自然性的、非强制性的。

2. 它不是凭借单纯的外力作用，而是被管理者在心悦诚服的心理基础上，通过潜移默化的作用自觉自愿地接受影响的过程。

3. 管理者与被管理者关系和谐、心理相容。

非权力影响力产生的原因

1. 品格因素

管理者的品格主要包括道德、品行、人格、作风等。具有高尚品格的管理者，容易使被管理者产生亲近感和信赖感，并引导他们去模仿和认同，从而产生更巨大的号召力、鼓舞力和说服力。

2. 才能因素

管理者的聪明才智和工作能力、专业能力，是管理者能否胜任领导职务、完成领导工作的重要条件。一个有才能的管理者能使被管理者心悦诚服，这是一种心理磁力，它能吸引人们自觉地去接受其影响。

3. 知识因素

知识丰富的管理者在指导工作、宣传组织、沟通协调关系时，容易取得被管理者的信任，使被管理者产生这种感觉：他知道我不知道的东西，他可能是对的。当这种感觉通过事实得到强化时，被管理者对管理者的信赖便与日俱增。

4. 感情因素

人与人之间建立了良好的感情关系，便能产生亲近感，相互的吸引力就大，彼此的影响力就强。管理者待人和蔼可亲，与部下关系融洽，其影响力往往能使被领导者心悦诚服。

良好的人际关系是影响力提高的基础

非权力领导力是一种对他人的影响力，是在与他人的交往中，在人际关系的互动中产生的。与他人建立真诚美好的关系是非权力领导力的源泉。

卡耐基曾经指出：领导者的成功有时并不在于他有多强的业务能力，当一张无所不至的人际关系网铺开时，领导就成功了一半。

人们在事业和生活中的成功，15% 靠的是专业知识，85% 靠的是人际关系。作为一种人际影响力，非权力领导力的获得仰赖人际关系的因素，可能要高达 90% 以上。

所谓人际关系，是指人际交往中个体间形成的特定心理关系。交往是指人们之间的交流和往来。这种交流和往来是人们在现实生活中为达到某种目的，满足一定需要而进行的信息、物质、思想、文化、技术等方面的交流和联系。

交往是人类特有的高级的共同活动形式。交往只存在于人类。

交往活动必须要有两个以上的人共同参加才能得以进行，即单个人的独立行为不构成交往活动。

在参加共同活动过程中，相互之间还必须以一定的方式进行沟通，或发生某种信息交流与联系，否则，也构不成交往。

人类总是在同两方面的实体打交道：一是人类自身，一是客观事物。交往只是人们之间的联系，而人同事物打交道则不称其为交往。当然人与人之间的信息交流或联系有时以物为媒介，甚至有时直接交往于人之间的就是物，但交往既不是指这种交流信息的中介手段，也不是交换物本身，而只是在这一过程中所表现出的人的信息的交流或联系。所以我们称这种交往为人际交往。

人际交往从主客体的存在形式上，可划分为个体与个体、个体与群体、群体与群体三种形式。在现实生活中，只有个体与个体的交往才是人际交往中最基本、最普遍、最常用的方式，因为个人之间的相互交流和往来最容易实现认知上的相同、情感上的相容和行为上的协同，进而为实现共同的活动目标合作奋斗。

不同的人际关系，会引起不同的情感体验。人与人之间，由于满足了各自的需要，就会产生亲密的关系，双方就会感到心情舒畅；反之，就会关系疏远，彼此矛盾甚至敌对。

中华民族是一个重关系的民族，中国人以对于人际关系重视而闻名于世。领导者依据中国人重关系的大气候特征，建立自己的关系网是必需的。

领导者要建立自己的关系网，既是领导者自身成长发展的需要，也是领导工作的要求。领导者关系网的建立非常有利于团结全体属下员工齐心协力，发挥团队战斗力，为共同的目标而努力奋斗。这是组织提高绩效，造成和谐目标的更高标准和境界。

人际关系网络的形成对把握职业生涯，特别是对获得影响力来说是很重要的策略。建立人际关系网络以及在需要时寻求支持的能力，对一位有影响力的领导者发挥其非权力领导力是至关重要的。

个人魅力有助于影响他人

个人魅力最引人注目的优点是能提高影响别人的能力。当人们认为你这个人很有魅力时，他们更有可能采取你的建议。许多人说过，要是有一位富有个人魅力的经理，"我会以我的职业生涯作赌注，一心一意为他工作"。这种情况下，以事业作赌注意味着这个人将放弃一份相对安稳的工作来和这个经理一起开始一个新的企业。

所以，个人魅力实际上是非权力领导力的升华，个人魅力作用在各方面都增强了非权力领导力，个人感召力的发挥就需要通过以身作则、说服、分享和帮助等方式进行。

一个简单而有效的影响别人的方法是以身作则地领导。作为有影响力的领导，你可以通过你自身的行动来传播价值观和传达各种期望。那些显示忠诚、做出自我牺牲以及承担额外工作的行为特别要以身作则。在项目面临艰难局面时，你也许要每周工作 65 小时以显示包含在企业文化之中的自我牺牲的价值。

问题是，假如你对人们来说有一种磁铁般的吸引力，那么他们把你当作一种行为典范的可能性就要大得多。因此，尽管以身作则的方法很受欢迎，但它可能效果不大，除非那个以身作则的人对那些认为可以把他或她作为榜样仿效的人们具有吸引力。

通过理性的说服影响别人的传统方法仍不失为一种重要的策略。理性的说服涉及使用符合逻辑的观点和事实证据来使另一个人相信一条建议或者要求是可行的，并且是可以达到目的的。

总的说来，要使理性的说服变成一种有效的策略，需要自信以及仔细的研究，对明智和理性的人来说它可能是最为有效的。不过，即使是明智和理性的人，他们看问题的方法也是有选择性的。他们更会听取由热情和讨人喜欢的人所表达的信息里包含的特征。个人魅力使得逻辑看起来更有逻辑性。

专家影响力的获得也离不开个人魅力，取得专家影响力的一个值得推荐的方法是在符合公司当前或者未来需要的领域里成为课题专家。最新的例子是如何为公司建立引人注目的网址或者在国外开拓市场。即使你是课题专家，富有个人魅力也会有利于利用你的专业知识。假如你个人颇具魅力，当权者更有可能会给你一个展示专业知识的好机会。

取得威望要比获得专家的影响力更需要个人魅力。富有个人魅力可以增强你的形象，从而使你更加引人注目，更加具有影响力。

影响力是依靠个人魅力影响他人，而个人魅力的展示首先是个人形象的问题。影响力始于形象，每一个有影响力的成功人士靠的不仅是杰出的才华，优秀的品质，更重要的是他们懂得如何展现自己的风度，因为你的形象决定你的影响力。

好形象是人生的一种潜在资本

古代哲人穆格发说："良好的形象是美丽生活的代言人，是我们走向更高阶梯的扶手，是进入爱的神圣殿堂的敲门砖。"

同是人生，有人潇洒，人见人爱，有人却哀叹自己满腹才学，无人赏识；有人展现真我，活出精彩，也有人怨苍天无眼，命运不济。为什么同样的人生，却有着不同的境遇、不同的结果呢？

生活经验告诉我们，每个人都想追求完美的人生，但很少有人真正去注意自己在社会交往中的形象。这种形象不仅仅是仪容仪表的刻意修饰，更是温文的性格、积极的心态、文雅的修养带给人的影响力。

一个注意形象并自觉保持好形象的人，总能在人群中得到信任，总能在逆境中得到帮助，也必定能在人生的旅途中不断找到发挥才干的机会，最终做到时刻用自己的风采魅力影响别人，活出真正精彩的人生。

所以，好形象是人生的一种资本，充分利用它不仅能给你的日常生活添色加彩，更有助于提升你的影响力。

宋庆龄女士是全世界公认的伟大女性，她除了拥有崇高的品质、高尚的人格外，还具有美好的仪表形象。

美国作家艾斯蒂·希恩曾在作品里这样描写她："她雍容高贵，却又那么朴实无华，堪称稳重端庄。在欧洲的王子和公主中，尤其年龄较长者的身上，偶尔也能看到同样的影响力。但对这些人而言，这显然是终生培养训练的结果，而孙夫人的雍容华贵与众不同，这主要是一种内在的影响力。它发自内心，而不是伪装出来的。她的胆略见识之高，人所罕见，从而能使她在紧要关头镇定自若。同时，端庄、忠诚和胆识又使她具有一种根本的力量，这种力量能够消除人们由于她的外表而产生的那种柔弱羞怯的印象，使她具有坚毅的英雄主义的影响力。"

领导者具有好形象，除了展示个人的气质风度外，更有助于提升自己的影响力。形象是人生的一种潜在影响力，宋庆龄女士的一生就印证了这个观点。

由于我们都是这个世界上独一无二的人，所以我们每个人的形象，无论好坏，都是充满着独特影响力的。因此，形象是每个人向世界展示自我的窗口，向社会宣传自我的广告，向别人介绍自我的名片。别人从我们的形象中获取对我们的印象，而这个印象又影响着他们对我们的态度和行为。同时，每个人都在这个最基本的互动过程中追逐着自己人生的梦想，实现着生命的价值。

同时，良好的形象有助于增进人际关系，营造和谐气氛，令你在社会中左右逢源，无往不利，从而促进你的成功。

红顶商人胡雪岩有一次面临生意上的一个很大危机。他在上海新开张的商行遭到当地商人的联合挤对，不久就波及了大本营杭州。一些大客户生怕胡雪岩垮台，闻风而动，都准备中止和他的生意往来。

这天胡雪岩从上海回来了，他们悄悄躲在暗处观看，估计会看到胡雪岩灰头土脸的样子。结果他们失望了，他们看到了个衣着鲜亮、精神抖擞的胡雪岩。

他们还不放心，又跟踪胡雪岩到他的商行去。他们认为胡雪岩会暂停生意进行整顿。可是胡雪岩的商行不仅没有关闭，而且他还亲自坐镇，在柜台上悠然自得地喝起茶来。这一下子令他们糊涂了，一个人遭受这么大的打击，竟然还能够如此的镇定从容？最终，胡雪岩的气度征服了他们，他们又对胡雪岩恢复了信心。

其实，当时胡雪岩的处境已是山穷水尽，就是凭他那坚如磐石的好形象，才稳住了糟糕的局面。

有人说："形象是一个人的招牌，坏形象会毁了你的一生，而好形象会令你的影响力迅速提升。"

这句话一点不错，尤其在今天竞争日益激烈的社会里，每个人都承受着巨大的压力，同时又被利益驱使着，犹如急流中团团旋转的浮萍。而在此时此刻，如果我们能静下心来，认真地树立起自己的好形象，那就好比给自己的人生打造了一块金招牌，能令你在风高浪险的生命历程中从容地经营人生，从容地成就人生。

每个人都应该明白：好形象如果能够充分运用，将有助于提高你的影响力，促进你的成功。

看起来就要像个有影响力的人

对于经常出现在媒体上的政治家来说，他们的形象对于选票的影响能够千百次地证明"看起来就像个成功的人"的重要性。政治家们只有经得起千千万万个选民的百般挑剔才能够走向自己的成功大道。因此，"看起来像个有影响力的领袖"对于政治家们来说，是获取选民信任的第一个至关重要的条件。正是"看起来像个有影响力的领袖"的魅力，使里根、克林顿、肯尼迪、希拉克、撒切尔夫人等人满足了选民对领袖形象的要求而连任。杰出的政治家都深刻地认识到"看起来像个领袖"在选民中的重要影响，都雇有形象设计师及沟通交流专家、社会心理学家为他们塑造一个能表现自己最佳形象的模式，对自身影响形象的任何一个因素，包括对服饰、发式、声音、手势、姿势、表情等都精心设计。

在西方政治家竞选时，竞选人的幕后策划班子里四个最不能够缺少的专业人才之一就是形象设计师。他们的目的就是要让竞选人看起来就像是个能够胜任领袖职位的人。如果看起来不像个有影响力的领袖，无论你的政治观点多么深入人心，也会失去很多追求"魅力领导人"的选民，这样的例子在西方的商业界也数不胜数。因为他们深刻理解"看起来像个成功者"的形象对事业的促进作用。成功者如果忽略了对自己外在形象的维护，看起来不像个成功的人，是难以得到别人的尊重的。在这一点上，深受英国人影响的香港人"深明大义"，越是有影响力的人，越注意自己的社会形象。李嘉诚之子李泽楷的公司里有四个副总裁专门负责公司形象和他的个人形象。什么场合穿什么服装，表现什么样的风格，都有专门的班子为其策划。

1960年尼克松与肯尼迪竞选时，尼克松似乎忽视了对自己的外表的包装，而肯尼迪懂得如何利用自己的外在优势获取选民的信任。几十年过去了，他的形象和影响力一直让人难以忘怀，是世界领袖的标准形象。克林顿就是受到肯尼迪的影响，从小立志从政，他以肯尼迪为榜样，终于成为美国总统。在克林顿的身上，正反两面，都有肯尼迪的影子。尽管他是美国历史上丑闻最多的总统，但是他在每一次事件中都能够安然过关，人们一次次因他富有影响力的形象而原谅他的不检点。相比之下，尼克松因一次水门事件就被迫离开了白宫。

克林顿的夫人希拉里，在克林顿当选之前，曾是女权运动者。她的服装无意识中就展示了女权运动者的形象，她戴着学究式的黑色宽边眼镜，穿着具有女权主义形象的大格子西服。这种形象违背了美国人心目中高贵、优雅、母性的第一夫人的形象，曾一度影响了克林顿的选票。新的形象设计班子顺应美国人民的心理，用充满女性韵味的色彩时装代替了男性化的、乏味的女权主义服饰，为她设计了时尚的发式；用隐形眼镜换掉了迂腐的、学究式的黑边眼镜；用温和改良主义的言辞代替了激进、偏激的语言。希拉里的新形象接近了美国选民对于第一夫人的期望，她展示出的既有女性魅力又有女性的独立、强大和智慧的第一夫人的形象为克林顿的政治影响力增添了不可磨灭的光彩。世界上的有影响力的人及领导者努力在外表上塑造"像个领袖"的例子数不胜数。

这里还有一些案例也是用以说明形象对于影响力的作用之大。

欧阳先生曾是一家中外闻名的大企业下属公司的部门经理，精通外贸惯例和知识，能说一口流利的美式英语。为了几笔大生意，他曾几度往返国内外，结果是胜绩多于败绩，为公司赚了一大笔钱，也练就了遇事不慌、稳扎稳打的性格，在公司的影响力很大，同时深得上级的赏识。可是，就在面临提拔的时候，他毅然辞职了。他要独闯商海，当一个自主的老板。

　　欧阳先生几经折腾，终于从工商局取得了执照，公司开张了，生意却惨淡至极，半年中公司账上仅有 8000 元。他完全没有料到，当他失去了身后的大树，失去了原来的那令人肃然起敬的影响力后，他的"功夫"难以施展了。昔日的客户与他断了联系，大公司不屑再与他合作，他被抛向了商界的另一个角落。这个角落中的许多人不讲商业规则，不讲信誉，大都对生意抱着"碰一笔是一笔"的侥幸心理，东碰西撞，一片混乱。欧阳先生对别人充满着警惕，别人也警惕着他。

　　欧阳先生有出奇的适应能力。他在实力的虚实上做起文章来，以吸引入流的商人和客户。首先他拉起了大旗，重新打起了原来所在公司的招牌，当然他不会忘记疏通内线关系，以防被人识破。不过，他只是在认为必要的时候才这样做。

　　他租用了一套还算像样的房子，将里面的家具暂弃入仓库，从别处借来一套上档次的办公家具，精心布置一番，顿使办公室气派不凡，又从家中拿来一些商务方面的书，搁置书架上，而且专放些半新半旧的，使人不致怀疑他在生意上的真才实学。他通过熟人买了一套计算机机壳，盖上好看的装饰布，只要人们不亲自操作，谁也不知道那是样子货，他花小钱认认真真地"包装"了他的公司。不过，他的公司也有真正属于他的东西，这就是传真机和电话机。以后，他的合作伙伴渐渐多了。他出色的谈判技巧配上有实力的表象，使人增加了对他的信任，终于使他有了几个固定的客户。一次，他与一商人为一笔生意谈了一天，因价格久谈不下。于是他雇人在第二天谈判中闯进来，做出欲抢生意的样子，此举竟使那商人让了步。

就这样，他虚虚实实、真真假假、若有若无地与形形色色的商人打交道，他公司的影响力越来越大，同时战绩辉煌，有了相当可观的收入。他将公司搬进了一家饭店，办公室里的那台电脑也变成真的了。

西方心理学家们对有影响力的领导人和成功者的研究结果，为追求做领导的人提供了丰富的参考价值，帮助无数向往有影响力的人少走了多少弯路，节省了多少时间！

"看起来就像个成功者"对于追求成功的人而言更加重要，在外形上接近有影响力者是自己在思想和行动上走向成功的最关键一步。因为在人们的意识中，具备这种成功形象的人大都是已经有影响力的人，因此，"看起来像个成功者"能够让你：(1) 感受成功者的自信；(2) 激励自己走向成功，像成功者那样举止、行为；(3) 被人们首先认可是具有潜力的成功者，因而，当成功的机会到来时，你就是成功者！

西方有句名言："你可以先装扮成'那个样子'，直到你成为'那个样子'。""看起来像个有影响力的人"在你的事业中会为你敞开幸运的大门，让你脱颖而出。民主选举时，由于你"像个领导"，人们会投你一票；提拔领导时，由于你"像个领袖"，你会被领导和群众接受；对外进行商务交往时，由于你"像个有影响力的人"，人们愿意相信你的公司也是有影响力的，因而愿意与你的公司进行交易。

追求有影响力的人如果只注重培养能力，而忽略了对形象的塑造，必定影响其成功的速度。最近刚被提拔为主任经理的罗伯特·盖德深有体会。罗伯特·盖德是个雄心勃勃的人，但是，在进入德意志银行之前，他多年得不到提拔。在进入德意志银行三年以后，他接受了形象设计师的忠告，积极地处处以领导者的形象和姿态来要求自己，他最大的爱好是模仿英国首相布莱尔和美国前总统克林顿。无论是外在还是言辞，无论是表情还是动作，他都以这些在世界上有影响力的人为标准。三年以来，步步高升的罗伯特·盖德，终于坐在了自己前老板的椅子上。罗伯特·盖德总结自己的经验：像有影响力的人那样思考，像有影响力的人那样举止，像有影响力的人那样说话，那么，你就是有影响力的人。

让得体的服装为你的影响力加分

让合适的衣服增添你的自信

你的衣着是重要的，绝不要马虎了事。

一位牛津大学的教授指出："衣着可以代表个性。但个性不一定需要衣着。"

在个体时代中，衣着的个性化是必然趋势，是不可避免而必然要发生的时尚。个性将是衣着时尚成功与否的标准。走在前面的人，当然要领先一步。虽然影响力不一定需要衣着，但有衣着的装点比没有衣着的装点好。普通人惯于以貌取人，影响力应该用衣着来树立自己的外表，而不是回避它。

衣着可以使人的性格不自觉地传达出潜意识信息，他人借此对你下判断。判断的准确性要看衣着是否准确地吻合你的个性。一个正直、诚实、成熟的个性是对他人的最好承诺。

有很多女孩子，整天把注意力放在衣着上，却不懂得个性的重要，其承诺也有失水准，她们胡乱地搭配各种衣饰，还以为时髦过瘾。

衣着的承诺是多方面的。在商界企业，衣着应表明优良的经商品质和经济实力。在10多年前，刚从本科毕业的克鲁兹面临两个选择：一是踏入商界，二是留在学院。后来发生的一件事使他决定留在学院。有一次，克鲁兹遇上一个好机会，有人愿意向他投资10万英镑，他匆匆地赶去洽谈。结果那人单刀直入地对克鲁兹说："小伙子，你的衣着表明你在商业上缺乏才能，你没能给我在经济方面一个可靠的承诺。"

当时的克鲁兹如遭当头棒喝。他以为凭自己的智力和满腹学问可以说服别人呢。实际上，那次会面，他根本就没有机会说出心中的蓝图。其根本原因就在于衣着，别人隔老远已经下定决心不和他合作了。

过了很多年，克鲁兹还能回想起当时的寒酸表现。想想看，别人投资是为了赚钱，经济上缺乏承诺的人能让他人相信吗？钱再多也不能朝水里扔。即使要朝水里扔，他自己知道扔，为什么要转借别人的手呢？

所以，从此克鲁兹开始讲究衣着了，他知道衣着的重要性了。

吻合个性的衣着可以强化你的自信，你应该从衣着开始自信。这样做，绝不是教你从此陷入满足表面虚荣的泥坑。衣着表现自信的同时，的确应该表明你的影响力、身价和地位。对自己一定要诚实。诚实是当今社会最有效也最有保障的承诺。

让衣着突出你的风度

安德鲁·卡弗里克在认真地研究衣着对气质的影响后，写成了《成功与衣着》这本书。书中的主要论点是：衣着适合领导特定的职业和身份，就会促进他的成功；反之，衣着不适合领导的身份，将会有损领导的影响力，从而不利于领导影响力的发展。

其实，这种观点不难令人理解。试想一下，美国总统穿着背带裤站在电视台发表演讲，恐怕只会让人感到滑稽，而不会产生对他的尊敬，更不会认为他这样做会有什么影响力可言。所以领导应该十分注重自己的衣着形象，穿衣戴帽，都应当考虑到你所领导的是哪一类人，以及你是什么类型的领导，要让衣着最大限度地展示你的影响力，从而成为领导者走向有影响力的有力催化剂。

汉密尔顿将军是二战期间英军的著名将领。他领导自己的部队在北非与隆美尔周旋，是蒙哥马利元帅手下的爱将，他的穿着就很有特色。他在任何场合都喜欢穿礼服，当然也从不戴钢盔，往往戴一顶丝棉制品的贝雷帽，给人的感觉既像西装革履的绅士，又像宽厚仁和的长者。士兵们对他既亲切，又有几分畏惧。这一形象使他在任何时候都能走进士兵的心中，成为他们的一分子，又能随时从中走出来，使他们认识到"这是我们的司令"。

艾森豪威尔将军穿着一件自己设计的短夹克，最后整个美国陆军都采用了这种夹克，并称其为"艾克夹克"，这就是影响力的一种代表。

埃尔顿将军在第一次世界大战时还是位年轻的上校，他的制服与众不同，使其在同等级别的军官中显得尤为引人注目，这也是他日后得以提拔为中将的缘由之一。那时的军服有些呆板，埃尔顿将军不满于这身戎装,于是在大前提不变的情况下稍作改动。例如,他从不带笨重的钢盔,他的理由是"笨重的钢盔抑制了我的思考,使我不能有清晰的头脑去指挥作战",这是幽默的回答。再如,勋章在许多人眼里举足轻重,如同士兵手中的枪、作家手中的笔一样重要,但埃尔顿将军以为,炫目的勋章固然令人感到荣耀,但这代表了过去而不能作为未来的功劳。于是,他自作主张,在自己的制服上别出心裁地挂着女友爱莎的头像。精致的头像加之精美的金属外壳更使埃尔顿将军在庄严肃穆的军营显得人情味十足,他手下的士兵维勒曾说:"我一见到埃尔顿将军胸前的那枚精美的头像,便减少了对战争的紧张感和恐惧感,头像也使我在战斗闲暇想起了家乡。"这便是埃尔顿将军有影响力的秘诀之一。

假若你想刻意表现出自己的影响力,那么你就必须多花费心思来塑造自己的形象,每位有影响力的人的形象都是固定的,你不必为追求某位有影响力的人特定的气质而使自己焦头烂额,要知道,你完全可以根据自己固有的形象加以装扮而不是一味模仿别人。

风度展现迷人的魅力

在那些单纯的美色和单纯的财富不起作用的场合,和蔼亲切的风度,令人着迷的人格,以及优雅迷人的举止依旧可以大行其道。同最优秀的教育或最伟大的成就相比,风度和影响力会给人留下更深刻、更美好的印象,即使没有出色的能力,有影响力的人格通常也可以令一个人得到提升，而天才和特殊的训练却做不到。

迷人的风度总是可以带来额外的影响力。每个商人都希望自己能够拥有性格开朗、风采迷人的员工，他们被看作是最为宝贵的人才。

通常会有这样的情况：一个人可以毫不费力、轻而易举地得到某个职位，而另一个，虽然可能更优秀、更有才能，但费了九牛二虎之力依旧是徒劳无功。这是为什么呢？显然，有影响力的人格是成功的关键。

面对一个极好的职位，年轻人总是对其所要求的条件感到惊愕，因为这些条件，往往是他们从未想到过的品质和性格，例如优雅的举止，谦恭的态度，乐观的精神，以及亲切而乐于助人的性格，等等。

修养常常不在大事上，而是反映在那些你从来都漫不经心的小节上。你以为没人在意，实际上是自己在掩耳盗铃。某银行分行的大会上，行长在台上讲话，他好像是口中感到不适，扭过身去不假思索地往地上吐了一口痰。刚刚分配来的博士生说："我不敢相信，这是我们行长的行为。"另一位具有金融硕士文凭的处长，讲到自己的顶头上司行长在处级干部会议上脱掉鞋子，像个老农民一样惬意地抓着脚，这个处长感叹道："我不知道这样的行长的行为和影响力怎么来面对加入 WTO 后国际金融界的挑战！"

我们常常听到有人说，他们不明白，为什么某人竟然会如此轻松地取得成功，为什么他如此受欢迎。他们没有意识到，伟大的人格魅力正是其制胜的法宝。评价一个人，必须要全面。一个人获得成功的能力，不应该仅仅以其智力来衡量，而且还要看他的说服力、他的吸引力、他的亲和力以及他的取信力。他的表情、举止、情趣、人格，以及交友能力和维护朋友的能力，所有这些对他能否取得成功起着至关重要的作用。充满敌意的表情，令人反感的举止，乖戾孤僻的性情，常常会抹杀优秀的才能，令人产生偏见和敌视。

有一个年轻人，其乖戾易怒的性格，极大地抵消了其惊人的活力和出色的头脑。他暴躁的脾气和尖刻的言辞，经常会伤害与他人的友谊。他有超强的工作能力，却经常被自己令人反感的举止和性格所阻碍，始终难以得到提升。假如没有这种性格缺陷，以他杰出的才能和充沛的精力，他的影响力一定会得到迅速的提高。

有出色的才能，但是却缺乏吸引和取悦他人的品质，这样的人很多，以至于我们常常听到老板们说，他们决定不聘用某某应聘者，因为他举止欠佳，或者因为他没有风度。没有什么可以替代个人魅力和优雅迷人的风度。尽管大多数人认为，人的风度是与生俱来的，但事实上是可以后天获得的，只不过你必须为此承受烦恼和痛苦，就像要成就任何有价值的事业，你必须有所付出一样。

为什么林肯总统有那么高的声望，为什么他的人格受到美国人民甚至是全世界人民的敬佩与赞赏呢？那是因为他一直尽心尽职地工作着，从来都没有不良的工作记录，当然他也不做有损自己声誉的事情。无论是在哪个国度，哪个时期，不论你是腰缠万贯的富翁还是一贫如洗的穷人，不论你是达官显贵还是一介平民，有一点你必须承认——人格的力量是无穷的，它在人类文明发展史上的作用也是巨大的。

在日常生活中，一个人的人品常常被很多人忽略。他们看一个人往往看他是否精明能干、是否声名显赫，但很少强调这个人是否诚实、是否正直，显然他们并没有把一个人的人品放在重要的位置上。很多人非常敬佩那些诚实、正直、勇敢的人，可是他们自己却很少要求自己这样做。

就好像很多商人其实知道做生意应该讲信誉，可是他们却往往靠欺瞒、夸大事实和其他伎俩来赚钱。一个人的人品是非常重要的，也是其他东西无法代替的。金钱财富、地位权力都无法弥补一个人人格上的缺陷。一个人不论他多富有，也不论他有多大的权力，如果在他的人品中找不到诚实与正直，那么他就永远不可能成为一个真正的成功者。当人们提到他的名字时，即使有羡慕之心，也不会有敬佩之情。

一个人修养高低对开展工作是十分重要的。提高个人修养是一种长期行为，是一个人终其一生都要面对的问题。

要想提高自己的风度和影响力，可以从以下几个方面开始：

1. 多读书

有句名言说得好——"书是人类最好的朋友"，读书可以使人明心、清脑、益智、养气。明心指读书可以开阔人的心胸，涤荡人的灵魂；清脑指读书可以拓宽人的思路，开阔人的视野；益智指读书可以增长人的智力和才干；养气指读书可以陶冶人的情操，提高人的自身修养和气质。

首先，要多读与你所从事的工作相关专业方面的书，以养"才气"。

作为一个现代人，一定要有较高的才干、能力，才能适应工作环境，并胜任自己肩负的职责，这就需要靠多读专业书来实现。

其次，要多读文学艺术方面的书籍，以养"灵气"。

对待纷繁复杂的工作和生活，要保持敏捷的思想、灵活的工作方法，不至于陷入呆板、机械的教条主义中，为此，就需要多读一些文学、艺术方面的书籍，提高自己的文学修养和影响力，增强自己的想象力、创造力和影响力。

再次，多读政治方面的书籍，以养"大气"。

2.多实践

多实践就要多接触社会，多向他人学习。俗话说，三人行必有我师，要从群众中汲取智慧与经验。

还要多思考问题。因为多思考有利于不断发现自己的缺点、短处，克服因取得一定成绩而滋生的满足感，保持自己的进取心和影响力。

谦虚是提高影响力的一种大智慧

谦虚向来是有影响力的人具备的品德。在工作中，什么是谦虚呢？

工作中的谦虚就是当你身居某个有影响力的位置时，并不认为这个职位就非你莫属，离了你地球就不会转动，而是想到还有很多优秀人才也能胜任，只是缺少像你一样的机会，从而做到爱岗敬业、一丝不苟。

工作中的谦虚是当你取得某项成绩、获得某项荣誉时，并不认为就是一己之功，而是离不开领导的关爱、组织的培养和同事的协作，从而把鲜花和掌声当成一种鞭策和鼓励，当成新的开始。

正如谚语"一分荣誉，十分责任，一分成绩，百倍虚心"所说的那样，谦虚是在年终考核、民主评议，或在私下某个场合时，当有的同志并非用心不良、居心叵测给你提出一些缺点和值得改进的地方时，你不会暴跳如雷、一触即发，而是认为自己确有不足和差距，抱着"有则改之，无则加勉，言者无罪，闻者足戒"的态度洗耳恭听，虚心接受。

事实上，没有一个人能够有足够的资本骄傲。因为任何一个人，即使他在某一方面具有影响力，也不能够说他已经彻底精通，任何一门学问都是无穷无尽的海洋，都是无边无际的天空……所以，谁也不能够认为自己已经达到了最高境界停步不前、趾高气扬。如果是那样的话，则必将很快被他人赶上并超过。虚怀若谷、虚心好学才能容纳真正的学问和真理，才能取人之长、补己之短，日益完善自己的影响力和人品。

爱因斯坦是20世纪世界上最伟大的科学家之一。然而，在他的晚年，他还在不断地学习、研究。

有人问他："您的学识已经非常具有影响力，何必还要孜孜不倦地学习呢？"爱因斯坦并没有立即回答他这个问题。他找来一支笔、一张纸，在纸上画上一个大圆和一个小圆，对那位年轻人说："在目前情况下，在物理学这个领域里可能是我比你懂得略多一些，正如你所知的是这个小圆，我所知的是这个大圆。然而整个物理学知识是无边无际的。对于小圆，它的周长小，即与未知领域的接触面小，它感受到自己的未知少；而大圆与外界接触的这一周长大，所以更感到自己的未知东西多，会更加努力地去探索。"

一席话，真是令人回味无穷。

宽容可以扩大影响力

宽容是在工作中提高影响力的前提

宽容是一种美德，是一种修养，是人外在素质的体现。作为公司的一名员工，要想成为一名有影响力的员工，不论我们所处的职位如何，我们都要学会宽厚待人。学会宽容更易使自己的行为得到领导、同事乃至客户的理解和赞同，从而给我们的事业发展铺平道路。

学会宽容别人，就是学会善待自己。

有人说"商场即战场"，所以在商业领域里，一个有影响力的人，他不论对待企业同行还是公司同事，都应该时刻保持警惕，并想方设法去超越。

职场上，许多人就是按照这一原则去行事的，一些人甚至在竞争中使用不正当的手段以怨报德，对别人构成伤害。

实际上，"成者王侯败者寇"并不适用于竞争激烈的办公室，因为不论胜败如何，大家今后还要在一起工作。试着让自己拥有一颗宽容的心，让心绪变得平和，使自己能理解别人，这样无论成败你都是英雄。

请看下面一则案例：

人事部经理在离职之前，曾向公司推荐方娜代替自己，但最终坐在这个位子上的人却是淑华。有人深为方娜感到不平，毕竟淑华无论从资历还是从学历或水平上都比不上方娜。但方娜却不以为意，她经常在背后说淑华有许多优点，比如活泼好学、聪明伶俐。

淑华自己深知为了得到这个职位使用了不高明的手段，所以心里也觉得愧对方娜。但大度的方娜却不去追究这件事，在同淑华的交往中仍保持着友善的态度，令她既意外又感动。

第二年的薪资评比，方娜得到了最高的加薪幅度，身为人事部经理的淑华在其中当然起了举足轻重的作用。不久方娜也被委派做了公关部的经理。

职场的紧张压力本来就使人容易变得猜忌、乖戾、郁闷、暴躁，现代人生活在"钢筋水泥的丛林里"，面对多方面的压力，更是不堪重负。你想成为一个有影响力的人，如果你在工作中遇到了不公平的待遇，与其花费时间去贬低对手、急着跳出来表现自己，不如冷静下来想想怎样编织更为和谐的人际关系和圆满地完成每一项任务。

如果能做到做事得体、待人有礼，在品德上不断完善自己，而把个人恩怨先放在一边，久而久之，你必然会得到大家的认可。其实，老板也是看在眼里，记在心里，一旦时机成熟，你必然会得到公正的待遇。

理解常常是由宽容心产生的。如果你能理解对手，那么，你的同事和上司会相信你能理解在以后工作和人际关系中所发生的种种矛盾和不愉快，从而使大家的合作变得顺畅自然。

宽容有助于推动你有影响力的职业生涯

宽容是一种美德，是友善、明智与中庸这些高贵品质的体现，不仅对你的个人生活有很大的影响，而且对你的职业生涯有重要的推动意义。

在一个企业里，如果你想成为有影响力的员工，想胜过别人一筹，想得到老板的赏识和同事们的刮目相看，你必须有过人的长处。这种长处不仅包括过人的智慧和能力，而且包括你的态度中有一项很重要的性格特质的体现，那就是——宽容。有宽容的心胸，有忍让的作风，并使它成为有助于你提高影响力的一种习惯。

一个宽容大度、与人为善、宽容待人，能主动为他人着想的人，肯定会得到他人的帮助，在任何场合都会讨人喜欢，受人尊重，独具魅力，因而能更多地体验成功的喜悦。

赋予宽容，大胆地给予别人，会得到无价的回报，给人一束玫瑰，你就将手有余香。

宽容地与人合作，心胸如海洋般广阔。宽容大度是企业发展过程中，尤其是员工应有的基本素质。

做事要先做人，其实做人并不难，做人要先学会处世。宽容是高尚的处世哲学，只有宽容待人，才能在这个缤纷的世界上做到游刃有余、如鱼得水。在公司里宽容地对待老板，原谅他细微的不足之处，忍受他突然间的脾气，忍受他的无理批评，都是员工应该忍受的方面，但也不是百依百顺。

宽容豁达，是人生的奥秘。

性格开朗、处世宽容的人，在交际中有很强的相容度，宽容豁达代表的是一种自信，自信是一个人成功的最重要的心理因素。自信就是力量，它是一种修养，一种理念，一种至高的精神境界。

宽容的力量是无穷的。

首先，宽容是自身影响力的真正体现。在当今的企业中，你要用宽容的态度去工作，假如目前你正在做销售工作，你要用热忱和宽容的态度去对待你的客户。

总之，宽容是一种高尚的品德，是人际关系的润滑剂，是一个人提高影响力的桥梁。

热情改变和影响人生的机遇

热情是驱使有影响力的人永远向上的动力。凭借着热情产生的巨大能量，他们的人生变得更加绚丽多彩。

美国通用食品公司总裁弗朗克说："你可以买到一个人的时间，也可以买到一个人到指定的工作岗位，还可以买到按时计算的技术操作，但你买不到热情，而你又不得不去争取这些。"

西村原本是一个穷人，他常常在身无分文时坚信自己总有一天会成为富翁。他知道"天上从来不会掉馅饼"，于是设法借钱办起了一家小沙漏玩具厂，但企业并不景气。

闲暇之时，他大量阅读各类书籍，以此来唤起自己的热情和灵感。一天，他在翻阅一本讲赛马的书时，无意中被书上一段文字所吸引，上面写道："马匹在现代社会里失去了它运输的功能，但是又以娱乐价值的面目出现。"仅仅这样一段文字，让他似乎聆听到了新机遇的钟声。他欢呼雀跃，因为他找到了沙漏的利用价值。

他利用几天时间就将沙漏进行了重新设计，并运用到电话机上，以3分钟为时限将通话时间进行有效控制，这样使沙漏不但具有古董玩具的价值，还具有降低电话费的经济价值。

该产品问世后很快就供不应求，西村以此为契机，从此成为具有影响力的亿万富翁。

塞克斯是美国马萨诸塞州詹森公司的一位推销员，凭着高超的推销技艺，他叩开了无数经销商森严壁垒的大门。一次他路过一家商场，进门后先向店员作了问候，然后就与他们聊起天来。通过闲聊，他了解到这家商场有许多不错的条件，于是想将自己的产品推销给他们，但却遭到了商场经理的严厉拒绝，经理直言不讳地说："如果进了你们的货，我们是会亏损的。"塞克斯岂肯罢休，他动用了各种本领试图说服经理，但磨破嘴皮都无济于事，最后只好十分沮丧地离开了。他驾着车在街上溜达了几圈后决定再去商场。当他重新走到商场门口时，商场经理竟满面堆笑地迎上前，不等他辩说，决定马上订购一批产品。

这一出乎意料的结局使塞克斯惊诧莫名，在他的一再追问下，最后商场经理道出了缘由。他告诉塞克斯，一般的推销员到商场来很少与营业员聊天，而塞克斯首先与营业员聊天，并且聊得那么融洽；同时，被他拒绝后又重新回到商场来的推销员，塞克斯是第一位，他的热情影响了经理，因此也征服了经理，对于这样的推销员，谁能忍心拒绝呢？

少数人的热情产生于与生俱来的信念，但对于绝大多数的普通人来说，热情的潜力则通过后天的培养而产生。

工作中，要想脱颖而出，必须时刻保持对工作的热情。只有当这种热情发自内心，又表现成为一种强大的精神力量时，才能征服自身与环境，创造出日新月异的工作业绩，使你在激烈的竞争中立于不败之地。

影响的力量是无穷的，影响力首先应该从自我开始，只有把自己征服了，才会有力量来震撼他人。所以，影响力有一个转化过程，本篇重点讨论从影响自我到影响他人。

敬业带你走向影响力的领地

从事一个职业，不仅仅是要热爱它，更重要的是要能把它做好，因为光有热爱是不够的，企业需要的是能创造价值、为它带来效益的员工。

进入一家企业，员工需要学习的东西有很多，你所拥有的知识如果不能转化为能力，不能带来效益，你对企业来说就没有价值。所以要想成为一个有影响力的员工，一定要努力掌握职业需要的各项专业技术和技能，多学习，多实践，努力提高自己的实际操作能力，尽快适应目前的岗位，争取成为业务的骨干，成为老板不能缺少的人。

在很多行业中，仅仅把老板安排的事情完成并不是最好的员工，还需要发挥你的创造性和钻研精神，努力把事情做得更好。爱一行，就要钻一行，把工作当作自己的责任，注意观察和总结工作中存在的问题，并从老板的角度考虑，如何解决这些问题，如何提高工作效率，如何处理会更好。

迪尼奥大学毕业后去了一家研究所工作，该研究所里有很多人都拥有比他高的学历，然而他们并不太敬业，对本职工作应付了事，有闲暇不是玩乐就是在外边兼职、挣外快。研究所的工作进展缓慢，很长时间都没有什么成果。

迪尼奥并没有以他们为榜样，他扎扎实实地工作，刻苦地钻研业务，当别人都出去吃喝玩乐的时候，他还在办公室里冥思苦想，在实验室里亲手实验。功夫不负有心人，他的研究终于出了有影响力的成果，不仅发表了几篇很有影响力的论文，还成功地申请到专利，为研究所申请到更多的项目和基金。很快，他就在员工中脱颖而出，成为所里有影响力的人物。随后又当上了副所长，事业上前途无量。

作为普通的员工，大家似乎都觉得只要完成了老板布置的任务就可以了，没有必要想那么多，更没有必要把自己的业余时间拿出来、花多余的精力去干那些没有报酬、老板看不到的事情。这时候，如果你想成为一名有影响力的员工，应该多动脑子，终有一天你的努力不会白费，一定能产生成效，这不仅锻炼了你的技术技能，还提高了你过硬的业务能力，这对你的职业生涯无疑是极有好处的。而实际上，老板对所有员工的表现都是看在眼里的，你的努力不会被忽视，你从一般碌碌无为的员工中脱颖而出，终有一天将会被老板所赏识，获得更多的回报。

对任何一家企业来说，要想发展，在商业竞争中超过对手，在行业中处于领先不败的地位，就一定需要一批敬业、肯钻研、具有业务发展潜力的员工。从这一点来说，敬业的员工是老板最倚重的员工，也是最容易提高自身影响力的员工。如果你的业务一般，敬业可以让你走向更好；如果你十分优秀，敬业会将你带向影响力的领地。

"爱一行，钻一行"是在"干一行，爱一行"的基础上对员工提出的更高要求，你要想成为一名优秀的员工，就应该不仅仅满足于简单的听吩咐做事，而是发挥自己的能动性，主动地去想怎样把事情做得更好！只有对自己的要求提高了，才能做出跟一般员工不一样的成绩，才能显出自己的独特能力和水平，为自己提高影响力多赢得一些砝码。

实力来自不断的成功

一家国内有名企业，当它规模还很小但发展的影响力已经显露出来以后，市场取得了迅速的发展，而后推动了企业决策者加大投资力度，扩大企业生产规模和影响力，同时为进一步开拓市场准备力量。

正在这时，该公司下属的销售公司的几位经理，由于个人利益和情绪的驱使，将企业大局抛之不顾，有意不抓市场，故意在企业同用户之间巧妙地制造不信任，市场迅速缩小。

于是公司决定：撤换销售公司经理，从生产分厂抽调一名主要负责人乔飞担任销售公司经理。

当时正值产品销售旺季即将来临的时候，而乔飞过去从未搞过营销，几位被免职的销售公司原经理自以为是，认为乔飞作为一个"外行"注定是搞不好营销领导工作的，于是不约而同地请病假回家，冷眼旁观看笑话。乔飞面临的领导工作形势十分严峻，举步维艰，遍布荆棘。

但乔飞有一个优点：具有十分强烈的敬业精神，做任何一件事，只要该干的，不在一个计划时期内干出一个样儿来，绝不罢休。也正是由于这一条，他才被任命为销售公司经理。当然，他在生产分厂时，由于涉及产品质量和服务问题，同用户也经常打交道，对市场已有不少的了解。同时，对产品性能、生产过程、服务要求，等等，就是闭上眼睛也能倒背如流，加之为人热情、诚恳，又成为他提高影响力的一大优势。

乔飞深刻认识到：作为销售公司经理，最终还是要靠大家同心同德，协同努力，因此感召下属至关重要；而感召，要从让下属服气开始。服气，主要取决于两条，一是在敬业上做出表率；二是尽快打开市场局面，这两条都只能在实践中努力体现。

乔飞发奋了，终日不回家，除了在企业研究分析（包括学习市场营销的理论和方法），就是在市场上调查，在用户那里交流情况。他在很短的时间里，明确了各个分市场和有关办事处的战略和策略方针及思路，制定了新的销售政策，充分调动了业务人员的积极性，同时也加强了对他们的约束与控制。

一个月之内，有效控制住了市场的滑坡趋向，稳住了市场；两个月内，产品旺季已到，市场开始迅速回升；三个月内，订货合同大增，产品供不应求，货款回收及时，形势一片大好。

看到市场不但没有萎缩，并且发展快而好，销售人员积极性高，向心力强，乔飞经理也已指挥自如，领导销售工作得心应手，原来几位销售经理被感服了，一个个地都主动返回企业，请求安排工作。

诸葛亮在《前出师表》中说自己"受命以来，夙夜忧叹"，在《后出师表》中表示"鞠躬尽瘁，死而后已"。周恩来总理生前以"战战兢兢，如临深渊，如履薄冰"自励，说自己处理问题是"举轻若重"。

如果拿出诸葛亮、周恩来的那种敬业精神，在实践中探索奋斗，不断地打胜仗，不断地出业绩，还有什么人能不被感召而协同效力的呢？

总之，是有实力的影响力，而不是职权才能使领导者获得心甘情愿的追随者。

作为有影响力的领导者，仅仅提出激动人心的战略设想，仅仅拥有高超的劝说能力，是不够和不充分的。作为有影响力的领导者还必须能够在下属中建立强有力的信念，这就是使他们深信不疑自己有能力和实力将远大理想变为现实。因为，领导者所提出的战略设想往往是软的或潜在的，还仅仅只是一种可能性，要使这种可能转变为现实，其间还会有很大的风险。为此，有影响力的领导者可以通过两种途径来建立起别人对自己的信念。一方面，使别人感到自己确实与众不同，有非凡的能力；另一方面，则是用自己对所提出的战略设想的超乎寻常的承诺来打消别人的疑虑。同时要用实力向人们表明自己的承诺是完全可以实现的。

做好终身学习的准备

美国曾召开全美有影响力的企业家、学者和管理学家参加的美国质量大会，专题研讨新世纪质量问题。美国质量管理专家与企业家们在大会上提出，20 世纪是生产力的世纪，21 世纪则是知识与质量的世纪。

的确，我们正处在一个变革的时代，在这个历史过程中，技术、经济、社会、政治上的变革频率更快，世事变化更频繁。一个有影响力的管理者终生学习与改善，已不再是可有可无了。

正如辍学的孩子更容易出现问题一样，不再学习的企业领导者更容易在领导生涯中碰到麻烦。比较完美的领导人似乎始终在不断提高自己，他们观察、跟别人交谈、倾听人家的经验，以便把工作做得更好。

有一次，北京某科技发展有限公司总经理刘某在谈起如何提高企业竞争力这一话题时说："我们的公司是一个不断学习的组织，我们必须比我们的竞争对手学得更快一些，否则，我们就会在技术上落后而输给人家。终身学习、不断提高，是公司对我们领导层的要求。"

为什么有影响力的领导人都会普遍提倡学习要贯穿一生的始终呢？因为：

1. 教育不再只是年轻时学习，成年后运用了，当今时代，学习已成为终生的要求。

2. 教育不再是课程沿用时代。在我们有生之年，课程也在持续变化。

3. 我们的组织必须成为终身学习的中心。对于"在职学习"这一做法，必须予以鼓励。

4. 我们生活在一个变化的时代，每天都会碰到挑战及发展中的问题，为了增强企业竞争力，必须不断学习新的知识。

5. 由于你的知识比较丰富，你做出的判断和决定会更快、更好些。

6. 不提倡继续学习的组织注定会走向失败。

还有一位公司董事长，在他的汽车里摆满了最新出版的《中国企业家》《中外管理》和《财富》中文版，还有《时尚》《女友》等刊物。

为什么还有《女友》？他解释说："了解一下女性在想些什么和谈些什么，她们也是我最大的顾客群！"

的确，一个有影响力的企业领导者习惯于利用各种机会不断地丰富自己，挤出时间不间断地学习。他们常采用的方法是：

1. 同行们交谈。企业领导者们惯用的做法是"到处走走看看的管理方法"。换句话说，就是要深入到员工、客户、供应商、竞争对手和社区中间去。每个阶层的人对所涉及的问题可能有不同的看法。同他们谈谈，了解一下他们对各种问题的看法，可以让你学到很多知识。

2. 从所犯的错误中学习。大家知道，经验是通过犯错误而总结出来的。犯错误为你提供了进行学习的最好机会。当你努力奋斗的时候，你更有可能获得影响力。

3. 从别人的经验中学习。注意研究你所观察的人。学习他们身上你认为最有价值的东西，并照着去做。通过这样的观察比通过传统的学习提高更快。仔细地观察别人身上最显著的优点，选择那些你所钦佩的素质，努力变为自己所拥有。

积累社会经验，把握社会影响力

经验在很大程度上取决于社会阅历。社会阅历是任何社会角色的最基本而又最重要的社会实践，是社会认知的先决条件。在这个实践过程中，实践者可以也必定接触大量的社会的本来现状和真实面目，接触大量成文和不成文的社会规则与要义，经历大量的失败和成功、困逆与顺利等各种实践，经历大量的社会互动和主题性活动。与此同时，产生相应的社会认知，对社会生活的特点、方式、规律、规则和要义均有一定的体认，特别是对各种社会现象和各种社会差距、弱点、病根、症结等体认最深。

社会阅历和社会认知的深度主要决定着社会素质的实力与厚度，当然首先决定着社会经验和社会实际知识的水平。这个体认的正确与否、高低与否均反映社会认知所达到的程度，也反映实践者的社会成熟水平，即"社会年龄"。一个有影响力的领导者的社会阅历和社会认知的深浅，反映着领导者的社会素质或社会底蕴的厚薄。

在社会实际生活中，一个有影响力的领导者的"社会年龄"具体地表现在社会经验上。社会经验和社会实际知识对领导者的社会成功具有最实际的影响。对一个有影响力的领导者来说，社会经验和社会实际知识越多越好。事实上，每增加一分社会经验和社会实际知识就能给领导者增加一份练达和力量。可以说，只有社会经验和社会实际知识最丰富才是"最辣的姜"，才能成为一个有影响力的领导者。

由于社会是由复杂多样的人组成的，所以社会阅历和社会认知其实就是一种对人及人性的深刻体验和认知，而社会经验和社会实际知识其实是一种关于人及人性的实际体认。可以说，社会阅历和社会认知实际上都是为了体认人、体认人性，而社会经验和社会实际知识则主要是关于人及人性的实际反映。现实中的任何人都在与现实中的其他人打交道，但许多人往往不能真正透彻地了解和掌握自己和他人，总有穷于应付或无法应付的压力。这就是对人及人性未能完全切实地体认和把握，部分或完全对人及人性无知，对社会无知。在这种情况下，作为一个有着影响力的领导者就不能摸准主要体现为社会意识和社会心理的人性和社会脉搏；就不能把握人、驾驭人；就不能把握、适应和领导社会，更谈不上对他人的影响力，哪里还有什么非权力领导力。

领导工作说穿了主要就是直接应付和处置各种社会角色，组织、管理、教育和引导这些社会角色，协调其相互之间的关系和利益。显然，领导者对社会角色的熟悉度和把握度将决定领导者触及社会的可能深度，也决定着领导工作的成效。

由于各种社会角色都是由每一个现实中的具体人和利益人去充当，因而领导者还必须结合对人及人性的了解来应对他们。这样一来，就使领导工作变得非常复杂了；领导效果也常常集中地、直接地体现到了人际对应的速度和效率上。这时就要求有影响力的领导者必须善于区别和综合各种单纯的人或社会角色，并且在与他们打交道的同时表现得极其机敏、确切、娴熟、不含糊；其中，主要包含了大量的社交、公关、应变等方面的领导素质。在这方面不能应付自如，也就不可能获得非权力领导力。

作为一个有着影响力的领导者应对自己所处的具体社会环境乃至自然环境要有深刻的了解或认识，不仅要了解所在社会环境的具体性质、特点、现状和运作状况，熟知所在社会对本行业、本单位的实际影响和客观要求与寄望；而且要熟知所在单位小环境的具体情况，包括单位的历史、现状、特点、条件、对环境的适应性、发展的可能性、优势和劣势，特别是人员构成情况及其长短优劣的特征；此外，还要熟知所处具体自然环境的具体特点和状况及其对工作、生活的具体影响；最后，要熟知自己对所有环境的适应性及调节力。

操之在我，获得美好人生

　　操之在我是自我情绪管理的技巧，它指的是要能够控制自己的情绪，不受制于人，不为环境因素所左右，它是情商的至高境界。

　　一个人要想获得影响力，必须有一定的智能。但拥有高智能并不一定就意味着成功，然而，只要你拥有积极健康的情绪就一定能成功。

　　据最新研究成果表明：智商的确有一定的意义，如果对大多数人进行一个整体观察，发现低智商的人大多从事体力工作，而高智商的人大多从事脑力工作，且智商高的人往往比智商低的人平均薪水要高。

　　然而问题并非如此简单，统计数据仅仅只能表明高学历、高智商的人平均薪水比低学历、低智商的人高。而在同一项统计中人们还发现，我国现阶段收入最高的人群却并非高学历、高智商者，有很多具有影响力的公司的老总文化程度并不高，有的是高中文化程度，有些是初中甚至还有小学文化程度的老总。但这些老总麾下却网罗着大批高学历、高智商的精英。这些高学历、高智商的人反倒成了低学历、低智商的人的追随者，并为他们所追随的人创造财富，作为回报，他们从所追随的老总那里领取较高的薪水。

　　越来越多的实验和事例都证明：一般人以为的高智商就等于高成就这一公式并不成立，人生的成就还取决于其他的因素。在其他因素中无疑情商对人的影响最大。因此，可以这样说，我们人类有两个脑、两颗心、两种智力——理性与感情。生命的成就同时取决于两者，绝非智商所能单独主宰，主导我们行动和激发人类潜能的主要动因不是智商而是情商。如果缺乏情商的配合，智能绝对不可能得到最大的发挥，甚至可以说智能发挥的前提就是看情绪在不在最佳状态。如以人的决策为例，决策需要较高的智能，因为决策需要有纯粹的逻辑思维这样一些智能，高智商的人在决策时能做出更科学的决策，但是不是意味着决策就不需要感觉这样一些非理性的情商呢？

事实恰恰相反，理性决策绝不可缺少感觉的成分，感觉先将我们导引到一个正确的方向，而后纯粹的逻辑才能做最佳的发挥。人生本来就有一连串的决策过程，假如你想成为一位有影响力的人，你要选择将来所从事什么职业，自己该怎么做，这一系列理性的决策，理性的情商占据了主要的地位，只有你选择好了，才能发展得更顺利，让情绪成为你腾飞的翅膀。

因此，在人际关系日趋复杂的现代及未来社会中，谁要是不了解人的行为不但由智能而且由情绪控制，我们就可以说那个人已经落伍了。相反，谁懂得了这个道理，不但在提高智能上下功夫，而且更在提高情绪控制力上下功夫，谁就拥有未来。

让情绪帮你，而不要成为你提高影响力的绊脚石。

科学思维可以改天换地

科学思维是人的特有能力。思维具有广阔性、深刻性、独立性、灵活性、敏捷性、批判性等内在品格。心理学家曾将思维方式分成三种形式：一是实践思维或动作思维，即以直观的、具体的形式提出解决问题的任务，用实践行动解决问题。发明创造者运用的就是实践思维方式。二是理论思维，即运用抽象概念和理论知识达到解决问题的目的。如思想家、理论科学家们惯于运用这种思维形式。三是形象思维，即运用已有的直观形象去解决问题的方式。艺术家们正是利用这种形式来创造作品的。

这三种思维又常常被交互使用，有机地融合在一起。因此，想要提高影响力的人需要锻炼这几种思维的能力，并力求有所侧重。这样，才有利于解决工作中的问题，并逐步进入较高层次的创造。

思维在认识世界的过程中起重要作用，在改造世界的进程中更有不容忽视的作用。思维是科学艺术的创造之母。思维的结晶——"金点子"——能救活一个企业，振兴一个国家。它是塑造大千世界的神奇刻刀，是改天换地的伟大杠杆。

世界上一切革新、发明、创意、主张，都是思维的产物。科学的思考，创造了五彩斑斓的世界，推进了文明的演进。

长时期的持续思考能创造奇迹。睡梦也是思考的延续。有时，甚至在梦中也会有所得。在科学史上，这种"奇迹"比比皆是，缝纫机的发明即是一例。当时，埃利阿斯·豪将全部财富均投资于缝纫机的发明，但这个项目的最后一个问题，即缝纫机针的针孔应设在什么部位？经过千思万虑，都得不到确切的结果。有一次，在睡梦中，他看见有一群野人在他周围唱歌、跳舞，蛮族王下令他必须在 24 小时之内制成缝纫机的针，若是超过规定时间，就将他放进大锅煮熟给大家分食。他烦恼万分。突然，他发现野人手中的长矛，在尖刺上有个孔。他终于找到了答案。他惊醒时，是夜里 3 点钟。于是，他急忙起床，赶到工作室，借梦中得到的启示，完成了世界上第一台缝纫机的设计。

正因为思考的神奇魅力，因而人才总是十分重视思维能力的开发，对思想的力量百般倾心。

俄罗斯具有影响力的文学家高尔基热忱地鼓励人们进行认真思考，让思想自由腾飞。他深情地讴歌"思想的力量"，指出："这思想时而迅如闪电，时而静若寒剑""只有思想是人的女友，他唯独同她永不分手，只有思想的光焰才能照亮他路上遇到的障碍，揭示人生的谜。揭开大自然的重重奥秘，解除他心中漆黑一团的混乱""思想是人自由的女友，她到处用锐利的目光观察一切，并毫不容情地阐明一切""思想把动物造就成人，创造了神灵，创造了哲学体系以及揭示世界之谜的钥匙——科学"。

唯有思考，才能开发出智慧的潜能，才能撞开才智的大门。当今，人类知识总量已超过以往一切时代的总和。全部科学知识的 3/4 是 19 世纪 50 年代以后发现的。"知识爆炸"的态势警策我们：光会积累知识，即使皓首穷经，充其量只不过是一个双脚书橱，难有多大作为。而思维能力强的人，却能再造知识，开发智能，将知识转化为现实的生产力。

据科学家计算，现代人的大脑潜在能力十分惊人。人的神经元每秒钟可接受 14—25 比特的信息量，即是说，一个正常人的大脑能容纳的信息量，约相当于 5 亿—7.5 亿册书籍的容量。而在现实生活中，人的脑力开发量还是微乎其微的，人的巨量"脑力资源"尚有不少"处女地"有待开垦。作为一个有影响力的人要学会开发自己的潜能，而开垦的重要方法，就是要积极调动大脑的思维功能，采取多种方法，激活大脑的运行，开发潜在的思维能力。

苏格拉底的影响力秘诀

人际关系学专家卡耐基曾经指出：跟别人交谈的时候，不要以讨论异见作为开始，要以强调而且不断强调双方所同意的事情作为开始。

不断强调你们都是为相同的目标而努力，唯一的差异只在于方法而非目的。要想在交谈中施展你个人的影响力，那么就要尽可能使对方在开始的时候说"是的，是的"，尽可能不使他说"不"。

奥佛斯屈教授在他的《影响人类的行为》一书中说："一个'否定'的反应，是最不容易突破的障碍。当一个人说'不'时，他所有的人格尊严，都要求他坚持到底。也许事后他觉得自己的'不'说错了；然而，他必须考虑到宝贵的自尊；既然说出了口，他就得坚持下去。因此一开始就使对方采取肯定的态度，是最重要的。

"我们都习惯了这种思维方式。当一个人说'不'，而本意也确实否定的话，他所表现的绝不是简单的一个字。他身体的整个组织——内分泌、神经、肌肉——都凝聚成一种抗拒的状态，通常可以看出身体产生一种收缩或准备收缩的状态。总之，整个神经和肌肉系统形成了一种抗拒接受的状态。反过来说，当一个人说'是'时，就没有这种收缩现象产生，身体组织就呈前进、接受和开放的态度。因此开始时我们愈能造成'是，是'的情况，就愈容易使对方注意到我们的终极目标。

"这种'是的'反应是一种非常简单的技巧，但是被多少人忽略了。一般看来，人们若一开始采取反对的态度，似乎就能得到他们的自重感。激烈派的人跟保守派的人在一起时，必然马上使对方愤怒起来。而事实上，这又有什么好处呢？他如果只是希望得到一种快感，也许还可以原谅。但假如他要实现什么的话，他在心理方面就太愚笨了。"

苏格拉底被人们称为"雅典的牛蝇"，他是个伶俐的老童，虽然常打着赤脚，却在40岁出头的时候娶了一个19岁的女孩子。他做了一件历史上只有少数几个人做到的事：他彻底地改变了人类的思潮。而现在，在他死后23个世纪，还被尊为在这个争论不休的世界中最卓越的口才家之一。

他的方法是什么？他是否对别人说他们错了？没有，他太老练了，不会做那种事。

他的整套方法，现在称为"苏格拉底妙法"，以得到"是，是"为根据。他所问的问题，都是对方所必须同意的。他不断地得到一个同意又一个同意，直到他拥有很多的"是，是"。他不断地发问，直到最后，几乎不知不觉之下，他发现自己所等到的结论，是他在几分钟之前所坚决反对的。

下次我们要自作聪明地对别人说他错了的时候，不要忘了赤足的苏格拉底，而提出一个温和的问题————一个会得到"是，是"反应的问题。

西屋公司推销员托马斯·雷诺尔，讲述了他的一个故事："在我负责的推销区域里，住着一位有钱的大企业家。我们公司很想卖给他一批货物，过去那位推销员几乎花了10年时间，却始终没有谈成一笔交易。我接管这一地区后，花了3年时间去兜揽他的生意，可是，也没有什么结果。经过13年不断的访问和会谈后，对方才买了几架发动机，可是我这样希望——如果这次买卖做成，发动机没有毛病，以后他会买我几百架发动机。

"发动机会不会发生故障？我知道这些发动机，不会有任何故障。过了些时候，我去拜访他。

"我原来心里很高兴，可是这份高兴似乎太早了，里面那位负责的工程师见到我就说：'雷诺尔，我们不能再多买你的发动机了。'

"我心头一震，马上问：'为了什么原因？'

"那位工程师说：'你卖给我们的发动机太热，我几乎不能将手放在上面。'

"我知道如果跟他争辩，不会有任何好处，过去就有这样的情形。现在，我想运用如何让他说出'是'字的办法。

"我向那位工程师说：'威廉先生，你所说的我完全同意——如果那发动机发热过高，我希望你就别买了。你所需要的发动机，当然不希望它的热度超出电工协会所定的标准，是不是？'

"他完全同意。我获得他第一个'是'字。

"我又说：'电工协会规定，一架标准的发动机，可以较室内温度

高出华氏 72 度，是不是？'

"他同意这个见解：'是的。可是你的发动机比这个温度高。'

"我没和他争辩，我只问：'工厂温度是多少？'

"他想了想，说：'嗯——大约华氏 75 度左右。'

"我说：'这就是了。工厂温度 75 度，再加上 72 度，一共是 147 度。如果你把手放进 147 度的热水里，是不是会把手烫伤？'

"他还是说'是'。我向他提出这样一个建议：'威廉先生，你别用手碰那架发动机，不就行了！'

"他接受了这个建议，说：'我想你说得对。'我们谈了一阵后他把秘书叫来，为下个月订了差不多 3 万多元的货物。

"我费了多年的时间，损失了数万元的买卖，最后才知道，争辩并不是一个聪明的办法。要从对方的观点去想，设法让别人回答'是，是'，那才是一套成功的办法。"

雷诺尔就凭借着"是"便与对方谈成一笔生意，在他试图与对方接近时，也试图一步一步地影响他们，因此，他成功的秘诀就是这么简单。

中国人有一句格言，充满了东方悠久的智慧："轻履者行远。"

如果你要使别人同意你，请记住下列规则：

"使对方立即就说'是的，是的'。"

通常情况下，要使别人同意他自己的观点时，将话说得太多了，尤其是推销员，常犯这种划不来的错误。尽量让对方说话吧，他对自己的事业和他的问题了解得比你多。

所以向他提出问题，让他告诉你几件事。

如果你不同意他，你也许很想打断他。但不要那样，那样做很危险。

当他有许多话急着说出来的时候，他是不会理你的。因此你要耐心地听着，抱着一种开放的心胸；要做得诚恳，让他充分地说出他的看法，这就达到了你影响他人的目的。

让别人顺从自己的思路

要改变他人的想法，让对方按照你的思路来思考问题，这不能靠强制的命令来实现，而需要一些有效的技巧来一步步地影响他们。下面有几种方法值得参考：

问封闭式问题

封闭式问题是与开放式问题相对的一类问题，这类问题的答案往往是"是"或"不是"，"有"或"没有"，等等，答案只是有限的几个选择。封闭式问题与开放式问题有不一样的作用，封闭式问题可以用来得到你预先设想的答案，例如，你问对方"您有没有结婚？"对方的回答可能是"有"或是"没有"，这两个答案都是你事先可以预见的，你可以事先就想好，如果他回答"有"，你如何继续提问；如果他回答"没有"，你又该怎么继续提问。预先设计好的一系列封闭式问题，可以非常有效地引导对方的思路。

"6+1"法则

在沟通心理学上有一个重要的"6+1"法则，用来说明这样一种现象：一个人在被连续问到 6 个做肯定回答的问题之后，那么第 7 个问题他也会习惯性地做肯定回答；而如果前面 6 个问题都做否定回答，第 7 个问题也会习惯性地做否定回答，这是人脑的思维习惯。利用这个法则，你如果需要引导对方的思路，希望对方顺从你的想法，你可以预先设计好 6 个非常简单、容易让对方点头说"是"的问题，先问这 6 个问题作为铺垫，最后再问一个最重要和关键的问题，这样对方往往会自然地点头说"是"。

目的架构

目的架构式谈话就是在一开始就与对方明确这次谈话双方共同的目的，这会很快地将对方的思路引向真正有价值、有利于解决问题的地方。例如，两辆车发生追尾事故，车子都有了破损，两辆车的司机都很气愤，往往一下车就吵架。如果其中一位能使用目的架构，问对方："这位先生，你觉得我们现在最重要的是解决问题呢，还是要吵架呢？"这个问题指出了两名司机重要的不是要吵架，而是要解决问题，然后继续各自的行程。那么双方的争吵可能会立即终止，因为目的架构将对方的思路完全从争吵的状态引到了解决问题上面来。

提示引导法

提示引导是一种语言模式，用来影响对方的潜意识，使对方不知不觉地转移思路。这种语言模式的基本思路是：先用语言描述对方的身心状态，然后用语言引导对方的思考或是生理状态。例如：你可以说"当你开始听我介绍这个房子的时候，你就会觉得住在这个房间里会很舒服""当你考虑买这辆车的时候，你就会想到带着你的太太和孩子开这辆车兜风是多么开心的事情"等，这些都是提示引导的语言模式，其中"当……你就会……"是标准的句式，"当"后面是描述对方的身心状态，"你就会"后面是你引导对方进入的状态或思路。

让对方顺从你的思路，重要的在于引导。改变别人之前，先改变自己的策略去接纳别人，再把对方引向你所希望的地方。这就是影响他人的一种策略。

让人们乐于做你希望的事情

曾有这样一件事发生在拿破仑身上。当他训练荣誉军时，发出1500枚十字徽章给他的士兵，封他的18位将军为法国大将，称他的军队为"伟大的军队"，人们说他"孩子气"，讥笑他拿玩具给那些出生入死的老军人。拿破仑回答说："是的，有时人就是受玩具统治。"

这就是人类的天性。

所以你要成为一个有影响力的人，首先要改变他人的意志，而不引起他的反感、抱怨，要使人们乐意去做你所建议的事。

1915年的美国充满了恐怖。一年多来，欧洲国家不停地互相残杀，血腥程度超过了人类历史上的任何时候。和平还会来临吗？没有人知道。但总统伍德罗·威尔逊决心试一试。他将选派一名具有影响力的和平使者前往欧洲进行协商。

国务卿布赖恩是位和平倡导者，他渴望前行。他看到一个可以做出贡献的机会，自己也可以借此流芳百世。但威尔逊指派的并不是布赖恩，而是自己的亲密朋友和顾问赫斯上校。赫斯为自己不得不把这个不受欢迎的消息通知给布赖恩感到苦恼，要想做到不冒犯他的确很难。

"当布赖恩听说我要作为和平使者去欧洲时显然十分失望，"赫斯上校在他的日记里写道，"他说自己一直在为此做着计划……我回答他，总统认为无论让谁正式出面去谈都不太合适，如果让他去更会引起极大关注，人们会奇怪为什么他在那里……"

注意到他的暗示了吗？赫斯的话等于告诉布赖恩，他对这个工作来说太重要了——布赖恩无疑对此很满意。

作为有影响力的赫斯上校，他做到了人际关系中一项重要的规则，那就是："永远使人们乐意去做你所建议的事。"

威尔逊总统请麦克杜出任他的阁员时，也运用了这项规则。那是他能给任何人的最高荣誉，可是威尔逊总统的做法，更使别人感觉到自己加倍的重要。这里是麦克杜自己叙述的故事：

"威尔逊总统说他正在组阁，如果我答应担任财政部长一职，会使他非常高兴。他把这件事说得让人非常开心，他使我觉得我如果接受这项荣誉，就好像我帮了他一个大忙。"

可是不幸的是，威尔逊总统没有永远运用那种手腕，如果他运用了，历史的演变或许跟现在就不一样了。

例如：关于美国加入国际联盟，并没有获得议院和共和党的赞同。威尔逊总统拒绝带洛德、休斯或其他著名的共和党成员随行，参加和平会议，反而带了两个党内并没有名望的人去参加会议。他冷落了共和党，使他们觉得创办国联不是他们的意见，不要他们插手。威尔逊粗率的处置，摧毁了他自己的事业，损害了他的健康，甚至影响到他的寿命。使美国始终未加入国联，并且改变了以后世界的历史。

有一个人，许多人都请他去演说，因此，他必须拒绝不少人。来邀请他去的，都是他的朋友，或是那些素有交往的人。然而，他推辞得非常巧妙，对方虽然遭他拒绝，可是还感到满意。

他是如何影响他们的？是告诉他的朋友太忙抽不出时间，或是其他什么原因？不，不是的。他表示感激对方的邀请，同时感到非常抱歉，接着他建议一位能代替他演说的人。也就是说，他不会使人感到不愉快。

有影响力的人在试图改变他人的态度和行为时，应该在心中遵循以下规则：

1. 真心诚意。不要承诺任何没有把握的事情。忘记自己，把注意力放在他人的利益上。

2. 明确自己想要他人做些什么。

3. 同情他人。问问自己什么才是他们真正需要的。

4. 考虑一下他人在按照你的建议行事后能够得到怎样的利益。

当然，如果相信只要使用这些方法就会永远得到他人的赞许，未免过于天真，但是大多数有影响力的人的经验显示：这么做能够更加轻易地改变人们的态度。

让对方改变对事物的看法

谈判是论理的过程，有影响力的谈判需要以理服人。但是谈判的主体是人，人是有感情的动物，白居易说："感人心者，莫先乎情。"情能

"授"，也能"受"。在谈判中，你能以情"授"对方，对方亦能以情"授"你。

换句话说，你对别人坦诚，自然别人也对你坦诚。

坦诚的含义包括：谈判是一种和平的磋商过程，而不是胁迫的代名词，谈判的协议要靠谈判者的诚信来保证；一个有影响力的谈判者不仅要重视己方的利益，同时也应充分顾及他方的利益。作为一个有影响力的谈判专家，亨利·基辛格认为："在外行人眼里，外交家是狡诈的。而明智的外交家懂得，他绝不能愚弄对手。从长远的观点看，可靠和公平这些信誉是一笔重要的资产。"确实，单从实用主义的角度而言，坦诚对于一个谈判者而言是绝对重要的。如果你的谈判对手从心底里不信任你，那么他或她就不会告诉你任何重要的信息。如果你被认为不可信赖，人们只会告诉你由于你的职位或头衔而必须告诉你的东西，这是肤浅的，没有丝毫价值。

在双赢谈判中，动之以情来沟通谈判双方的心灵，不仅能激起谈判者愉悦的心情，更重要的是能引起谈判者的共鸣，打破谈判的僵局，出人意料地达成谈判共识。

具有影响力的成功学人士卡耐基曾说过这样一件事：奈佛先生由于要为连锁店辩护，便前去拜访一位他原本瞧不起的连锁店经理，告诉他："我不是来推销燃料的，我是来找你们帮个忙。"他把来意说清楚，并且说："我来找你，是因为我想不出还有其他人能给我提供更好的事实。我很希望能赢得这场辩论，无论你提供什么给我，我都十分感激。"

坦诚在谈判中的力量是巨大的。

有一家杂志社的社长，想请一位学者为他的杂志写专栏。

他开着车来到学者的家里，对他说："我想在杂志上为您做一个专栏，希望您支持。"

可是这位学者实在是太忙了，一天的时间排得满满的，于是不管社长怎么劝说，他一再推辞，就是不答应。

学者略为生气地说："您看，我简直快要疯了，等一下还得赶飞机到南部演讲。"看到学者如此坚决，社长只好告辞，过了几个小时之后，学者推开家门时，发现社长的车还没有离开。社长下了车，对学者笑着说："走，时间不早了，我送您去机场。"

过了些日子，学者的专栏如期刊登了。

以上的事例表明，在改变对方对事物的态度时，坦诚非常重要。同时，耐心引导先要进行巧妙的情景设置，在心理上与对方达成共识，迈出这一步后，在接下来的引导中不要性急，一步一步地耐心引导，最好从对方最关心的事谈起，使对方不断得出肯定的答复。最后，当引导到一定程度时，要善于抓住时机，及时破题，让对方明白谈话的真实意图，这也是一个有影响力的人必须具备的。

虽然在影响别人时，引导至关重要，但转折也是不可忽视的，因为在引导中，对方与你处于貌似闲谈之中，对你的用意并不十分了解，以致被你引入了"佳境"也未能反应过来。因此，在引导的过程中，当时机成熟时，要及时点题，使君入境并识境，口服心也服。

第四章 有效影响他人的艺术

在瞬息万变的职场和社会中，我们求生存、谋发展，就要从心理影响作用的综合性指导开始，从而使自己无论在工作、社交还是家庭生活中，都能合理并有效地说服他人，有效地对他人施加影响。

声音散发出的影响力

如果你有一副好听的嗓音，那么，这就是你参与说话讨论的天生资质，你就一定能引起别人的注意，并很可能因此成为讨论的主角。如果你没有一副悦耳动听的好嗓音，那么你也要力求使自己的声音给人以如沐春风之感。

那么，怎样才能使你的声音能散发出影响力呢？

注意自己聊天的语调

语调能反映出一个人的内心世界、情感和态度：你是一个热情诚恳、令人信服、乐观幽默、可亲可近的人，还是一个呆板保守、具有挑衅性、好阿谀奉承、令人生厌的人；你是一个优柔寡断、自卑、充满敌意的人，还是一个诚实果断、自信、坦率并尊重他人的人。从你说话的语调中，人们都能感受出来。

无论你谈论什么样的话题，都应保持说话的语调与所谈及的内容相协调，并能恰当地表明你对某一话题的态度。

动听的语调有助于提高影响力，亲切的话语往往比雷霆万钧更能得到你预期的反应。

美国一家影片公司曾经推出一部《维多利亚女王》，其中有这样一组镜头：

维多利亚女王很晚才结束工作，当她走回卧房门前时，发现房门紧闭，于是她抬手敲门。

卧房内，她的丈夫阿尔伯特公爵问："是谁？"

"快开门吧，除了维多利亚女王还能是谁。"

她没好气地回答。

没有反应。她接着又敲，阿尔伯特公爵又问："请再说一遍，你到底是谁？"

"维多利亚！"她依然高傲地回答。

还是没动静。

她停了片刻，再次轻轻敲门。

"谁呀？"

这回维多利亚轻声应答："我是你的妻子，给我开门呀？阿尔伯特。"

门开了。

从上面的影片情节中，我们可以发现：以亲切动人的声音提出要求远比凭借权势地位发出命令更能得到对方的友好反馈。

所以，如果你采用平易近人的语气跟下属或是不如自己的人谈话，更加有助于你提高自己的威信和影响力。因为温和的话语不会给任何人造成压力，自然而然能为你赢得更多人的喜欢。

注意发音的准确性

人们所说出的每一句话、每一个词都是由一个个最基本的语音单位组成，然后加上适当的重音和语调。正确而恰当的发音，将有助于你准确地表达自己的思想。这也是提高你的言辞智商的一个重要方面。只有清晰准确地发出每一个音节，才能清楚明白地表达出自己的思想。相反，不清晰的发音将有损于你的形象，有碍于你展示自己的思想和才能。

不要让声音尖刻刺耳

每个人的音域范围可塑性很大，或高亢，或低沉，或单一，或浑厚。聊天时，你必须注意控制自己的音色，不要让自己的声音尖刻刺耳。

有时，为了获得一种特殊的表达效果，人们会故意降低音调。但大多数情况下，应该在自身音调的上下限之间找到一种恰当的平衡。

聊天时不要使用鼻音

在日常生活中，我们经常听到"哼……嗯……"的发音，这就是鼻音。如果你聊天时常常使用鼻音，肯定不会受到欢迎，因为你的声音让人听起来似在抱怨，毫无生气，十分消极。有些人将"哼嗯"这种鼻音视为一种时髦的聊天方式，但如果你想让自己所说的话更具吸引力和说服力，如果你期望自己的语言更加富有魅力，那么从现在开始就别再使用鼻音。

控制说话时的音量

有的人说话时为了引起别人的注意，发出的声音往往又尖又高。

其实，语言的威慑力和影响力与声音的大小，是完全不同的两回事。不要以为大喊大叫就一定能影响他人，声音过大只能迫使他人不愿听你讲话，甚至讨厌你这个人。与音调一样，我们聊天的声音大小也有其范围。试着发出各种音量大小不同的声音，并仔细听听，找到一种最为合适的、最易为人所接受的音量。

充满热情与活力

响亮而生机勃勃的声音给人以充满活力与生命力旺盛之感。当你向他人传递信息、劝说他人时，这一点有着重大的影响力。当你讲话时，你的情绪、表情同你聊天的内容一样，会带动和感染你的听众。

注意聊天的语速

在语言交流中，语速的快慢将不同程度地影响你向他人传递的信息。语速太快如同音调过高一样，给人以紧张和焦虑之感。如果你聊天的语速太快，以至于某些词语含糊不清，他人就无法听懂你所说的内容。当然，如果语速太慢，又会令人逐渐丧失耐心，有焦躁沉闷之感。

努力保持恰当的语速，不要太快也不要太慢，并在聊天时不断地调整。当你想和别人交谈时，选择合适的语速十分重要。偶尔的停顿无关紧要，不过不要在停顿时加上"嗯"或时不时地清嗓子。

要知道声音的力量足以影响世界。而且，我们自己说话的语速，总是随我们自身的变化而变化。它深刻地影响着我们感知自己以及他人反应的方式。在"影响力的调查问卷"的回答者中，有高达90％的人都认为，语速是一个人影响力的最重要的构成要素之一。

真诚的赞美让人铭感肺腑

只有接受别人，你才可以充分运用自己的影响力去影响他人。那么要想接近别人，首先要选择赞美别人。

赞美别人，就仿佛是用一支火把照亮了别人的生活，同时也照亮了自己的心田，有助于发扬被赞美者的美德和推动彼此友谊健康地发展，还可以消除人际间的龃龉和怨恨，最关键的是你能接近对方，而后才能去影响他人。赞美是一件好事，但绝不是一件易事。赞美别人时如不审时度势，不掌握一定的赞美技巧，即使你是真诚的，也会变好事为坏事。所以，掌握一定的赞美技巧是完全有必要的。

对年轻人不妨语气稍为夸张地赞扬他的创造才能和开拓精神，并举出几点实例证明他的确能够前程似锦；对于经商的人，可称赞他头脑灵活，生财有道；对于有地位的干部，可称赞他为国为民，廉洁清正；对于知识分子，可称赞他知识渊博、宁静淡泊……当然这一切要依据事实，切不可虚夸。

在赞美别人的时候一定要情真意切，虽然人人都喜欢听赞美的话，但并非任何赞美都能使对方高兴。能引起对方好感的只能是那些基于事实、发自内心的赞美，因为这样的赞美使别人产生了共鸣。相反，你若无根无据、虚情假意地一味赞美别人，不仅会令人感到莫名其妙，更会让人觉得你油嘴滑舌、诡诈虚伪。例如，当你见到一位其貌不扬的小姐，却偏要对她说："你真是美极了。"对方立刻就会认定你所说的是虚伪的违心之言。但如果你着眼于她的服饰、谈吐、举止，发现她这些方面的出众之处并真诚地赞美，她就一定会高兴地接受。

真诚的赞美不但会使被赞美者产生心理上的愉悦，还可以使你经常发现别人的优点，从而使自己对人生持有乐观、欣赏的态度。毕竟，每天都抱着感恩的心情生活是很美好的。

赞美别人时不妨翔实具体。在日常生活中，人们有非常显著成绩的时候并不多见，更多的时候都是默默无闻的平凡人。因此，交往中应尽量从具体的事件入手，善于发现别人哪怕是最微小的长处，并不失时机地予以赞美。赞美用语愈翔实具体，说明你对对方愈了解，对他的长处和成绩愈看重。让对方感到你的真挚、亲切和可信，你们之间的人际距离就会越来越近。如果你只是含糊其辞地赞美对方，说一些"你工作得非常出色"或者"你是一位卓越的领导"等空泛飘浮的话语，可能会引起对方的猜疑，甚至产生不必要的误解和信任危机。

赞美要合乎时宜。赞美的效果在于见机行事、适可而止，真正做到"美酒饮到微醉后，好花看到半开时"，这样你才能有影响力。

当别人计划做一件有意义的事，开头的赞扬能激励他下决心做出成绩，中间的赞扬有益于他再接再厉，结尾的赞扬则可以肯定成绩，指出进一步的努力方向，从而达到"赞扬一个，激励一批"的效果。

最后要说，锦上添花固然好，雪中送炭更可贵。俗话说："患难见真情。"最需要赞美的不是那些早已功成名就的人，而是那些因被埋没而产生自卑感或身处逆境的人。他们平时很难听到赞美的话语，一旦被人当众真诚地赞美，便有可能振作精神、大展宏图。因此，最有实效的赞美不是"锦上添花"，而是"雪中送炭"。

此外，赞美并不一定总用一些固定的词语，见人便说"好"，有时，投以一个真诚赞许的目光、做一个夸奖的手势、送一个友好的微笑，也能收到意想不到的效果。

幽默创造和谐的交往环境

在适当时候巧妙地运用幽默的方法，常常会事半功倍。

生活对于人来说不仅是漫长的，而且更多的时候是枯燥无味的。因此，适当的幽默就像路边的美丽风景，不但能使人赏心悦目，兴致勃勃地继续以后的人生路程；同时，也会给他人带来快乐，成为受大家欢迎的人。在适当时刻巧妙地运用幽默的方法，常常会事半功倍。迈克就是这样的人。

迈克是一个极富幽默的警官，无论什么样的案件或难题，在他手中总能迎刃而解。所以在警署里，他总是受到同事们的青睐。

有一天，一位男子试图制造一件轰动全国的新闻，便爬上纽约国际贸易中心，站在楼顶上，并做出要跳下去的样子。他的行为很快引起了人们的关注，不一会儿，楼下围满了人，包括各个新闻单位的记者。局长和警长轮番喊话，并试图救险，那男人却总是色厉内荏地要挟救他的警察："别过来！谁要是敢过来，我就立刻跳下去！"僵持片刻后，迈克带来了一名医生，他只说了一句话，那男子便默默地走下楼去。迈克说："我不是来抓你的，是这位医生要我来问问你，你跳楼自杀以后，愿不愿意把遗体捐献给医院？"

迈克的幽默几乎无处不在，比如有一次执勤的时候，迈克竟然抓住了一个正在被通缉的男扮女装的要犯，警长问他："罪犯男扮女装，掩饰得那么好，你怎么一下子就认出来了？"迈克说："我看他没有女人的习惯。"警长问："什么是女人的习惯？"迈克说："很简单，她走过时装店、食品店和美容院的时候，连看都没朝里看一眼就直接走过去，我就知道这里边一定有问题。"

一位作家写道：幽默是一种成人的智慧，是种穿透力，一两句就把那畸形的、讳莫如深的东西端出来。它包含着无可奈何，更包含着健康的希冀。

幽默通过笑的方式弥补人际间的思想鸿沟，连接人际间的感情分界，增加人际间的信任。在一次贸易洽谈中，由于双方都坚持自己的利益而不做任何让步，使洽谈陷入僵局。主人只好宣布休会。用餐时，主人为客人斟酒，手一抖，酒杯碰在客人额角，竟将酒浇了客人一头。当时情形十分尴尬，公关小姐见状，从容地举起酒杯，对客人说："让我们为双方的共同利益和友好合作，从头来干一杯！"主客一愣，随即会意地大笑。幽默的光芒照亮了双方的差距，贸易洽谈在互谅互让的友好气氛中又开始了。

一句得体的幽默，能让人际关系和谐融洽，它带来的感情冲击，有足够的能量来消除人际间的误会和纷争。因此，幽默也是一种富有感染力和人情味的人际交往传递艺术。一个富有幽默感的人在人际交往中通常是极富感染力的，在轻松自如的谈吐间能在不知不觉中如他所期望地去影响他人的态度或思想。

演讲的语言一定要具有影响力

在演讲的过程中，听众对演讲的知觉还有一个几乎人人皆知而又常常被忽视的特点，就是口语化。按说，演讲主要是口语表达，语言的口语化本该不成问题。但由于演讲总要比一般的随意交谈或在非正式场合的说话更规范、文雅和生动，也由于许多演讲者在准备稿子的时候常常要堆砌辞藻、雕章琢句或摘抄报章，还以为是讲求文采，这就容易使演讲的语言"文章化"。

那么，怎样做到演讲的语言口语化而更具有影响力呢？

第一，尽量选取双音节的词，并注意词语的音节搭配。口语是线性语流结构，以声传意，瞬间即逝，不像读书看报，一遍看过去没弄清，还可以再看两遍，所以同义的词最好用双音节或多音节的，而不要用单音节的。古汉语之所以难懂，多用单音节的词是原因之一。好在现代汉语的词语大多由原先的单音节变为双音节或多音节了，这就容易让人听清楚，更适合于"口传"或"耳收"。例如，说"我初次谈恋爱时"就不如说"我第一次谈恋爱的时候"更为顺口入耳；说"因我没经专门的演讲训练"，就不如说"因为我没有经过专门的演讲训练"显得清晰舒畅。当然，单音节的词并不是一概不能用，而是表达同样的意思最好少用单音节的词，多用双音节或多音节的词。

第二，在用词风格上，多用通俗生动的"现成话"，而不要文白夹杂。口语也要修辞，多用俗谚俚语和选用职业术语、绝妙类比。也就是说，口语要多用浅易通俗、生动活泼的"现成话"。诗人艾青按说是十分精通典雅的语言了，但他在《诗论》中说："最富于自然的语言是口语。"

语言要通俗不单是为了简明易懂，更不是浅薄庸俗、单调乏味，而是为了既通俗易懂，又具体、生动、活泼、形象。正如秦牧在《艺海拾贝》中说的："历代以来，开一代文风的杰作，起前代之衰的妙文，都在一定程度上一反因循守旧的书面语的习惯，勇于运用活生生的口头语言。古代的说书人，讲到故事中的人物心头不安时，不说忐忑不安，却说'心里有十五个吊桶打水，七上八下'；讲到羞耻时，不说满面羞赧，却说'恨不得有个地洞钻下去'；讲到赶快逃跑时，不说赶快逃跑，而说'只恨爹娘少生了两条腿'；讲到着急时不说着急，却说'急得像只热锅上的蚂蚁'。所有这些都博得听众的赞赏喝彩，而且流传至今仍有强烈的形象性、新鲜感。"

人们往往有一种习惯性的看法，认为口语简单粗浅，而书面语应当完善而文雅。实际上，现代实用语言在口头和书面两大方面并无多大差别，也不该有多大差别。有些人讲话、致辞或答问总要按照稿子念。如果你的口语不生动，不善于脱稿讲话，那么你写出来的稿子也往往是呆板冗长、干巴乏味的，当然也就不具备口语的特点。不是口语化的东西却又用嘴说，这就是某些人的口语表达既不通俗又不生动的主要原因。而另一种倾向是只求简单明白，不求细致生动，这就流于粗俗和浅陋。正确的理解和做法是，书面语言要尽量多用通俗而生动的口语；而在口语表达上要尽量吸收书面语中那些精练而严谨的词语。只有这样，我们的语言才会通俗易懂又生动活泼。

第三，句式要简短而灵活。我们来看看一个外国人的一篇汉语作文：

　　我，叫施吉利，加拿大人，很喜欢汉语。我买了许多书，特别是《汉语词典》《北方方言辞典》《成语辞典》等。我发现成语、谚语、俗语很好，准确、生动、幽默、风趣。

　　有一天，很热，我到楼下散步，看见卖西瓜的，是个个体户。我说："你的西瓜好不好？"

　　他说："震了！"

　　我问："什么叫震了？"

　　他答："震了就是没治了！"

　　"什么叫没治了？"

　　"没治了就是好极了！您看我的西瓜多好！"

　　这时，我用了两句刚学的："没有调查就没有发言权，你是不是王婆卖瓜，自卖自夸？"

　　"是骡子是马拉出来遛遛，我的瓜皮儿薄、籽儿小、瓤子甜，咬一口，牙掉啦。""咔嚓"一声，他切开一个。

　　我一吃，皮儿厚，籽儿白，瓤儿是酸的。我说："你要实事求是，不要弄虚作假。"

　　他的脸"唰"地红到脖子根儿。我说没有关系，买卖不成仁义在。他一听急眼了："这个不算。""咔嚓"又切开一个。我一看，皮儿倍儿薄，籽儿倍儿黑，瓤儿倍儿甜，我狼吞虎咽地吃起来。

　　他说："好吃不好吃？"

　　我一伸大拇指："盖了帽儿啦！"

这位外国人学汉语也真学得"盖了帽儿了"，一是采用了生动的俗语，二是句式简短。这虽然是用笔写的作文，但语句大多是五六个字，最长的才有十来个字，体现了口语的特点。

所以，要想在演讲中提高自己的影响力，一定要学会把握语言的风格，注意文采，使演讲通俗易懂。

学会批评和影响别人

人无完人，在这个世界上，没有人不犯错误。在错误面前，你可能忍不住要大发雷霆。狂风暴雨过后，你可能会沮丧地发现，你的"善意"并没有被对方所接受，甚至，换来的结果可能与你预想的结果截然相反。

作为一个有影响力的人，你的批评是否成功，很大程度上取决于你采用的态度。没有人喜欢被批评，不要相信"闻过则喜"。如果你一味地指责别人或者简单地说明你的看法，你将会发现，除了别人的厌恶和不满外，你将一无所获。然而，如果你能够让对方感觉到你是来解决问题、纠正错误的，而不仅仅是发泄你的不满，你将会提高自己的影响力。

批评宜在私下进行

被批评可不是什么光彩的事，没有人希望在自己受到批评的时候召开一个"新闻发布会"。为了被批评者的"面子"，在批评的时候，要尽可能地避免第三者在场。不要把门大开着，也不要高声地叫嚷，好像要让全世界的人都知道。在这种时候，你的语气越温和越容易让人接受。

不要很快进入正题

不要一上来就开始你的"牢骚"，尽量先创造一个和谐的气氛。做错事的一方，一般都会本能地有种害怕被批评的情绪，如果很快地进入正题，被批评者很可能会产生不自主的抵触情绪。即使他表面上接受，却未必表明你已经达到了目的。所以，先让他放松下来，然后再开始你的"慷慨陈词"。记得有句话说得很好——Kiss and Kick(吻后再踢)，这样才能达到比较好的效果。

对事不对人

批评时，一定要针对事情本身，不要针对人。谁都会做错事，做错了事，并不代表他这个人如何如何。错的只是行为本身，而不是某个人。一定要记住：永远不要批评"人"。

找到解决问题的办法

当批评别人的时候，他知道做错了，与此同时，你必须要告诉他怎么做才是正确的。这才是正确的批评方法。不要只是"指手画脚"，一定要他明白：你不是想追究谁的责任，只是想解决问题。而且，你有能力解决。

用倾听创造自己的成功

要想提升自己的影响力，要做到善于倾听，还得注意一些技巧。首先你要流露出专注的神情，身体要朝着说话者略微前倾，手头的东西肯定是要放下来，如果不是忧伤的事，面带微笑是最好不过了。其次，在倾听过程中，要让对方把话说清、说完整而不能随意打断对方。如果能在对方说的过程中不时地随内容的变化而做出相应的回应，感觉会和谐许多。如果你是领导、经理，难免会有人来访或电话干扰，这时你得抱歉地先说声："不好意思，请稍等。"当然，中断要尽量少。

在倾听的过程中，你如果能耐心地倾听对方说话，无形中，你让说者的自尊得到了满足，使他感到了自己说话的价值。反过来，说者对听者的感情就会发生一个飞跃，"他能理解我""我终于找到了一个倾诉的对象"，于是，二人心灵的距离缩短了，倾听使两人成了好朋友，那时，说服就变得容易多了。

善于倾听也是一种很好的"说话"，无言中增加了你的形象的影响力，使你在说服中大获成功。

人们都喜欢听自己的声音，当他们希望别人能分享自己的思想、感情以及经验时，就需要听众。这是一种十分微妙的自我陶醉的心理：有人愿意听就觉得高兴，有人乐意听就觉得感激。

成为一名有影响力的听众，在企业界能产生很大的功效。譬如，一名推销员向某位顾客推销时，对顾客提出的种种问题表示关切，顾客就会感到很开心。见到此状，便应进一步表现出自己是很好的听众，此时，顾客不仅乐意讲，也愿意让你听他讲，这是一种互惠的关系，而这种关系就是商谈成功的第一步。无论是哪一种顾客，对于肯听自己说话的人都特别有好感。

总之，能成为一个好的听众，即向提升自己的影响力迈进了一大步。

有一项调查表明：有影响力的推销员不是侃侃而谈、口若悬河的人，而是少说多听的人。要想了解别人，你必须尽量让对方多说话，只有这样才可能知道别人真实的想法，才能进行客观的分析，从而做到知己知彼、百战百胜。

在中国商界中有着巨大影响力的李嘉诚，少年的他在一家茶馆中打工，他就利用茶馆这个特殊条件，从茶客的闲谈中去寻找和捕捉自己能够发展的机遇。在这段时间里，他得出的结论是：像自己这样一个孤立无援的苦孩子，要想发展和抓住机遇，最好是去当一名能够广泛接触社会的推销员。于是，他在17岁那年，毅然辞工，到一家塑料厂当了一名推销员。

他当推销员可不是光靠嘴皮子灵活，而是深入细致地打听和了解用户对产品的意见和希望，这样只要产品一出厂，他就知道该送到什么地方去。一年之后，他的销售额就远远超过同行。

由于他熟悉用户，了解市场，能够掌握住机遇，终于在1948年年底建立了自己的企业——长江塑料厂。

李嘉诚就是这样兢兢业业、未雨绸缪，随时不忘利用包括倾听在内的一切方法，去寻求机遇，开拓发展。正因为他有这样的奋进精神和继续寻求机遇的渴望，才使他成为一个商界的有心人和强者。功夫不负苦心人，只要人去找，机遇自会来，不怕听不到，就怕不去听，这恐怕也正是李嘉诚提高自己影响力的一个奥秘吧。

掌控谈话的走向

与人说话，应该投其所好，这是一个想要提高自己影响力的人应该做到的。能够投其所好，你的话才能在对方心中发生作用。

例如，对方是个好名声的人，你不了解清楚，偏对他大讲有利可图的事情，即使你所讲的确有其事，他也不会对你产生兴趣。因为好名声的人，并不见得好利，而你偏与他谈利，话是不会投机的。

好利的人，根本看不起名，认为名是寒不可以为衣、饥不可以为食的东西。你要是对投机商人讲如何发财、如何利用机会，他绝对会虚心求教；你要是跟他讲如何出名，他自然昏昏欲睡，或顾左右而言他。

这两种人还不算难说，最难的，是表里不一的人，表面上是好名，骨子里是好利，对于这种人，你怎样去应付？对他讲如何获取功名吧，与他的内心相反，听了你的话，一味地说很好、很对，而他的内心却认为你是个不合时宜的书呆子，形式上表示敬重，实际上力求疏远；对他讲如何获大利吧，虽正中他的下怀，却揭破他用以欺世、用以盗名的假面，总是不利，于是对你作一番申斥，认为不当言利，有辱他的人格，其实对于你的建议，内心赞赏不已，暗里采用你的主张。

假如你是位有影响力的人，你即使知道他的真相后，也不要当面揭破他的假面具，只要轻描淡写地说几句直中他内心的话，表示彼此心照不宣。假话是彼此的"烟幕弹"，真话是彼此合作的目的。

人的血脉健康通畅，则会精神焕发、充满活力。人生成功路上也有一条"血脉"——那就是"人脉"。有了健康通畅的人脉，人生路上的你必定精神焕发、影响力四射。

让别人喜欢是唯一的策略

卡耐基说："要首先引起别人的渴望，凡能这么做的人，世人必与他一起，这个人永远不寂寞。"

在生活的舞台上，我们每天都在与形形色色的人打交道。有的人，初次见面就会给你留下很好的印象，让你很长时间都不会忘记；也有的人，即使你见过几次也记不住。我们会发现，那些总是容易给人留下好印象的人，在交往中也总是得心应手，从不会因为缺少朋友而烦恼。这是为什么呢？心理学家的研究表明：人际吸引是人们成功交往的开端，一切良好的人际关系，无不是以人际吸引为契机的。有了吸引，才有真挚的友谊；有了吸引，才有美丽的爱情。有人比喻，人际吸引就像一个无形的磁场，将人与人"吸"到了一起，使我们的生活丰富多彩。

人际吸引也就是人与人之间的相互接纳和喜欢，怎样才能被人接纳和喜欢，这是一个古老而又有生命力的话题。

以下是影响人际吸引的因素：

美感

古希腊的哲学家亚里士多德曾经说过："美丽比一封介绍信更具有推荐力。"也许亚里士多德的所谓美丽只是针对外貌美而言的，不过他的话确实没有说错。在交往中，外貌美丽对人际吸引的作用确实是不可低估的，人们在交往中对外貌有一种特别的注意力，并且容易使人产生好的印象。

才能

人人都愿意与有能力的人交往。在一定限度内，才能与被人喜欢的程度成正比关系。但是，才能太高也不行。心理学的研究发现：在一个群体中最有能力、最能出好主意的成员往往不是最受人喜爱的人。这是因为，当身边的人的才能使自己可望而不可即时，人们就会产生一种压力，这种压力驱使人们对高才能的人敬而远之。现实生活中，这样的事情屡见不鲜。在某些单位中，有才能的人经常会受到排挤，而人们却总是错误地倾向于用嫉妒来解释这个现象。其实，这种事情的发生都是很正常的。

因此，在现实生活中，不要苛求自己做一个完美的人，因为完美不但不会增加你的吸引力，反而会使人们对你敬而远之。如果你是一个很有才能却不受欢迎的人，那么不妨犯一点可以原谅的小错误，也许会收到意想不到的效果。

个性品质

一个人的个性品质无疑会影响别人对他的喜爱程度。有人做过研究，将用来描绘人的个性品质的形容词按照喜欢程度由高到低进行排序，其中，排在最前面的是高度受人喜欢的品质，位于序列中间的是中性品质，排在最后的是高度被人厌恶的品质。

在为朋友办事中赢得影响力

善于成人之美

"成人之美"的事，在今天的社会到处都有，如主动替朋友值班，使他有时间去会女友；尽力帮助朋友复习功课，掌握知识，使其早日榜上有名；主动帮助经济一时拮据的朋友，使其免除后顾之忧，等等。

总之，大凡是好事情、好愿望，你伸出热情的手，予以大力帮助，使之功成事就，都可以说是"成人之美"的"君子"行为，都是提高影响力的行为。

当你正在潜心于某项工作，或全身心投入一份你所热衷的事业，或沉浸于你所赖以生存的一份职业时，却受到了来自朋友、亲戚、同学或同事的求助等分外之事的干扰，需要你分出时间、心思和精力去应付它。如果应承这类分外事，势必影响你所进行的工作，你会觉得不愉快、不甘心；如果拒绝它、排斥它，你也会感到心里不安，还可能遇到意外的麻烦，譬如遇到误解，受到无谓的攻击，受到周围人的冷淡，你会同样过得不舒服、不愉快。

这时该怎么办呢？

应承分外之事的干扰或排除分外之事的干扰，不仅是一个怎样对时间进行合理操作的技巧问题，而且是一个怎样认识自己生命存在的根本问题。

在应承分外之事或拒绝分外之事的两难情景里，你可以首先从应承分内之事方面着想。你受到了分外之事的干扰，用于你所进行的主要工作的时间相对减少了，你在这里感到有所损失，有所不安，但你收获的可能是良好的人际关系。所以，你不该有不安的感觉了。

分外之事，同事、友人求助等之类也许只是一时表面地占去了你的时间，从长远着想、从整体着想，实际上可能并不会对你造成损失，它可能对你眼下所进行的工作产生间接的作用，或者对你将来的工作产生间接的作用。那么，这份"干扰"也就不成其为干扰了。

并且，你在接受分外之事，在帮助别人的时间里，你或许能够感觉到助人的快乐，你此刻的存在便是快乐的，便是合理的。作为个人而言便是失中有得，没有什么值得遗憾的。

同时，你帮助了别人，方便了别人，获得了良好的人际关系，这种美妙的效应也许你一时还不能明显地感觉到。你经常给人方便，常替别人分担忧愁，帮助别人，日积月累，时间长了，你处世行事将四通八达，这将大大胜于你当初因拒绝别人而省下的那一点点时间的损失。

真心帮助别人

对别人的帮助要落在实处，不要停留在口头上。世上有两种帮助，一种是随便帮帮，一种是一帮到底。前一种帮助也是帮助，也能够给人带来好处，但它不算真正的帮助。后一种帮助才是真正的帮助，是不顾一切地去帮助他人，解决实际存在的问题。

帮助他人是需要技巧的，关怀也要有关怀的艺术，也就是说在具体的情景下，当你想帮助某个人的时候，你要注意具体如何帮助他，才能使他切实得到你的帮助。如果不注意这一点，常常事倍功半，甚至适得其反。一位盲人在大街上着急地用拐杖敲着地面，是在说他不知道该怎么走了。好心的你走上去，想帮助他，告诉他左边是北，右边是南，他其实仍然分不清楚，他需要你拉着他的手，带着他走一段路。

琼是一个单身女子，住在纽约的一个闹市区。一次，琼搬一个大箱子回家，因电梯坏了，琼只得自己扛箱子上八层楼。约翰是一个平时没事就在大街上闲逛，偶尔还惹是生非的人。他看到琼累得气喘吁吁，于是想上去帮助琼。琼并不信任约翰，以为他图谋不轨。约翰感到非常困惑，他费了很多口舌，想说明他善良的用意，仍无济于事。但是琼将箱子从一层搬到二层就再也没有力气搬了。让不让约翰帮忙呢？琼感到矛盾了。最后还是约翰帮她把箱子搬上了八层。为了表示自己的真诚，约翰只将箱子搬到琼的家门口，坚持不进去。后来约翰和琼成了好朋友。

帮助他人要坚持不懈，不要一时兴起，这也帮那也帮，不高兴的时候就谁都不帮。毛泽东说过，做一件好事并不难，难的是一辈子做好事。在现代社会，在金钱的冲击下，很多人一举一动都在考虑着自己的利益，别说帮助别人，更别说坚持不懈地帮助别人。无私地始终如一地帮助他人，一直是受社会所尊敬的优良品质。

帮助他人，不能居功自傲。在提高影响力的人际交往中，当我们帮助了他人，不能以此沾沾自喜、自鸣得意，更不能摆出一副救世主的面孔，因为我们的帮助应该是无私的、诚恳的、不存在半点恩赐的意思。如果老记得自己有恩于他人，这样活着岂不是很累吗？居功自傲的人也常常因为其骄横的态度而招致别人的不满，人们不愿接受他的帮助，更别说获得好人缘了。

在别人有困难的时候，别忘了该出手时就出手。

发展自我是"最有影响力"员工的生存方略

不断学习是最佳的工作保障

如果你工作数年，自认是"资深"的员工，也不要倚老卖老、妄自尊大，否则很容易被淘汰出局。那时候即使你是老板眼前的红人，他也会为了公司的利益舍你而去。

台湾的资深音乐人黄舒骏在这方面就感受很深。处在流行最前沿的唱片圈，10 年来，每年都有前赴后继的新人，以数百张新专辑的速度抢占唱片市场，稍不留意就会被远远地抛在后面。黄舒骏觉得："老不是最可怕的，未老已旧才是最悲哀的事。"所以，面对推陈出新的市场，不断学习和创新才能不被抛出轨道，"我是个容易忧虑的人，每天都觉得自己不行了。"这样的忧虑是进步的动力。

在职场上想提高自己影响力的人明白，职场上的学习有别于学校学生的学习，缺少充裕的时间和心无杂念的专注，以及专职的传授人员。所以积极主动地学习尤为重要。

1. 在工作中学习

工作是任何职业人员的第一课堂，要想在当今竞争激烈的商业环境中胜出，就必须学习从工作中吸取经验、探寻智慧的启发以及有助于提升效率的资讯。年轻的彼得·詹宁斯是美国 ABC 晚间新闻当红主播，他虽然连大学都没有毕业，但是却把事业作为他的教育课堂。最初他当了三年主播后，毅然辞去人人艳羡的主播职位，决定到新闻第一线去磨炼，干起记者的工作。他在美国国内报道了许多不同路线的新闻，并且成为美国电视网第一个常驻中东的特派员。后来他搬到伦敦，成为欧洲地区的特派员。经过这些历练后，他重又回到 ABC 主播台的位置。此时，他已由一个初出茅庐的年轻小伙子成长为一名成熟稳健又广受欢迎的好记者。

2. 努力争取培训的机会

多数企业都有自己的员工培训计划，培训的投资一般由企业作为人力资源开发的成本开支。而且企业培训的内容与工作紧密相关，所以争取成为企业的培训对象是十分必要的，为此你要了解企业的培训计划，如周期、人员数量、时间的长短，还要了解企业的培训对象有什么条件，是注重资历还是潜力，是关注现在还是关注将来。如果你觉得自己完全符合条件，就应该主动向老板提出申请，表达渴望学习、积极进取的愿望。老板对于这样的员工是非常欢迎的，同时技能的增长也是你升迁的能力保障。

3. 自己进补抢先机

在公司不能满足自己的培训要求时，也不要闲下来，可以自掏腰包接受"再教育"。当然首选应是与工作密切相关的科目，其他还可以考虑一些热门的项目或自己感兴趣的科目，这类培训更多意义上被当作一种"补品"，在以后的职场中会增加你的"分量"。

绝不安于现状

职场上的"红人"，指的是那种做出有影响力的成绩，受到老板赏识和提拔的人。在旁人看来，他们是被老板宠爱的幸运儿。几乎在每一个组织里，都有红人的存在。

但是在企业中，无论多么红的"红人"，都红不长久，而且红的程度越深，失宠的时刻来得越快。

"红人"失宠，固然有很多因素，但最主要的是"红人"失去了原来的上进激情，变得满足现状了，而绝对不是老板喜新厌旧。这些人在成为"红人"之前，所得到的回报可能并不多。他们努力工作，用业绩来证明自己的能力，用业绩来取得想要的回报。终于，他们成功了，成了"红人"，被老板宠着，薪水、地位都大大提高，生活品质也得到了很大改善。这个时候，他们滋生了骄傲的情绪，不可一世，责任心下降了，工作干劲也不足了，认为缺了他公司就不能运转了。之所以这样，大概缘于下列几个因素：

第一，觉得自己过去付出的太多，奉献得足够了，该好好享受一下了。

第二，觉得有老板宠着，没人能够把自己怎么样了。

第三，潜意识中认为自己拿的薪水和福利都是理所当然的，并且可以一直拿下去。

第四，错误地认为没有人可以超越自己了。

不管你愿不愿意，实际上，每时每刻都有人憋着劲在和你比赛。高薪水、高福利、老板的重用，想要这些的人多着呢！你得到了，那些还没有得到的人一定也想得到，他们付出十倍甚至百倍于你所付出的努力，以证明他们自己，让老板明白他们比你更优秀。在这些人的"围攻"下，你安于现状，早晚会被他们赶上，然后超越，被他们比下去。别人比你强了，老板凭什么还让你做"红人"呢？

赵一忠是某集团公司的员工，2002 年 6 月到公司后，一直都非常努力，并取得了突出的成绩。老板非常赏识他，他成了老板的"红人"。2003 年 12 月，他被提拔为物流管理部经理，工资一下子翻了两倍，还有了自己的专用汽车。

刚做上经理那阵子，赵一忠还是像以前那样努力，每一件事情都做得尽善尽美。

"你犯什么傻啊？"不断有人这样对他说，"你现在已经是经理了，再说老板并不会检查你做的每一件事情，你做得再好，他也不知道啊。"

诚然，老板不可能看到每一个员工的每一分成绩。可是，如果你养成了追求完美的习惯，把每一件事都做好，就可以保证老板所看到的全是完美的。到时，老板自然会把你该得到的职位和报酬给你。可惜赵一忠没有意识到这一点。

在多次听到别人说他"犯傻"的话后，赵一忠变得"聪明"了，他学会了投机取巧，学会了察言观色和想方设法迎合老板，不再把心思放在工作上，而放在揣摩老板的意图上。如果他认为某件事情老板要过问，他就会将它做得很好；如果他认为某件事情老板不会过问，他就不会做好它，甚至根本就不做。

终于，2004 年 6 月，老板发现赵一忠隐瞒了工作中的很多问题。谁愿意被人欺骗呢？老板一怒之下，就把赵一忠解聘了。

情境影响力在社会环境中有着重要的作用和实际的意义。有效地掌握情境影响力的艺术，不仅能使自己解决人际交往中的各种难题，也能使自己更能愉快地面对工作，开发自己的潜能，摆脱工作中的种种束缚和困扰，走向积极、自由的人生。

营造如鱼得水的同事关系

我们在平时的工作和人际交往中要想提高自己的影响力，必须练好与同事进退应对的技巧。自己该如何出牌，对方会如何应对，这可是比下围棋、象棋更有趣的事情。

学会与有棱角的同事打交道

平时如果同有癖性的人交往可以锻炼自己，使自己成为更坚强的人。有癖性的人，全身上下都有棱角，刚开始与这样的人交往可能有些不习惯，因为与其棱角对抗可能会伤痕累累，但绝不可因此退缩，否则便会失去锻炼自己的宝贵机会。要学会忍耐，要喜爱那些有棱角的人。这样，不管遇到多么尖的棱角，也不要感到痛苦，甚至会觉得那是一种快感，这样你就会协调好同这种人的关系，有限的人生也能获得最大的愉悦。

长期与有癖性的人交往，对方的棱角会融入你的体内，并渗入血液，由于体内吸收了异己的分子，则能感觉到自己变成了一个更有深度的人。在生活中，要与形形色色的人打交道，不要因对方是自己不喜欢的人就厌恶他。不妨学习与这种人适当交往的办法，这样，自己会渐渐成长为有影响力的人，而能在工作中崭露头角。

同事间不可随便交心

在下班后与同事一起喝杯酒，聊聊天，不但有助于平时的工作，还可能知道其他一些有关的消息。因此，单位举办的各种聚会，自然要参加，与同事打一两场"社交麻将"也有必要，但有一点要记住，切不可随便交心。因为同事之间只有在大家放弃了相互的竞争，或明知竞争也无用的情况下，才会有友谊的存在。如果交出真心，动了真的感情，只会自寻烦恼。例如，张三和李四是同事，而且是好朋友，只有一个升级的机会。如张三升了级，李四没有升，李四怎样想呢？李四如果继续与张三友好，免不了会被人认为趋炎附势；张三主动对李四友好，也会很不自然。

不要轻易替别人背黑锅

无论是公司还是行政单位，不管做事好坏对错，很多时候是由上级主观决定的。如果上级意志强，下级多少都要努力工作。但有一些上级只是为向他的上级交差而已，敷衍了事，一切如常，就不会勾起上级的雷霆之怒。但一有差错，上级为了向他的上级交代，就会抓住一个人做替罪羊，这种情况，俗话叫作"背黑锅"。不想背黑锅的方法其实很简单。最易行的就是不冒险，不马虎，事事有根据，白纸黑字，即使错了也有充分的理由解释。另一方面，一件事的对错，是否应该追究，如何处罚，都是由上级来决定。大事化小或小题大做，都在上级的一念之间。因此，在这种情况下，人缘好，特别是与上级的关系不错，就会较少获罪。

同事之间最好避免金钱来往

人们经常说："如果你想破坏友谊，只要借钱给对方就行了。"金钱借来借去一定会发生问题。例如："老刘，你能不能借1000元给我，我现在正好有急事，可是手头没钱！"像这样的连续三次找人借钱，就算你手头真紧，别人恐怕也不敢借给你了。遇到大家一起分摊费用时也是一样的，只要你连续三次说："今天没带钱来！"大家以后一定不会再相信你了。有的人存在一种坏习惯，向别人借来的钱很容易忘掉，借给别人的钱，经常记得牢牢的。因此，有关钱的问题，一定要切记以下五点：①在社会上工作，必须在身边多带些钱。②尽量避免借钱给别人。③借出的钱最好不要记住，借来的钱千万不要忘记。④假如身边用钱不方便时，不要参与分摊钱的事。⑤养成计划使用钱的习惯。

了解部门内的人际关系

机构越大，人际关系也会愈复杂。在小单位，彼此的关系怎样可以一目了然，而在大单位，彼此的利害关系就复杂了，容易产生一些"派系"。上级管理者都希望能得到下属的支持，而且拥护者是越多越好。因此新来的人员不得不被卷进这场派系斗争中去。无论是看法和自己一致的下属，还是对自己唯唯诺诺的下属，上级管理者都想把他们纳入自己的旗下。可是对做下属的人而言，往往很难弄清一个上司的性格和内心真实意图。因此，新到一个公司必须先了解部门内部的人际关系。一方面可以通过单位组织的旅游或聚餐等活动，在与其他人共处的场合中，看看上司对自己的态度如何，就可了解一二了；另一方面利用同事间的消息传达，也是一个不错的方法。得到这些信息后，并不是要你不择手段地打入某个团体、派系中，那只是小人的作风。我们只要冷眼旁观，不被卷入不良团体中就可以了，保持中立是绝佳法则。

现代职场中的同事关系是错综复杂的，每个人都有必要学习并运用好一些人际交往的技巧，掌握好与同事交往的"度"，找到发挥自己影响力的那个"最佳平衡点"。

成功的谈判，双方都是胜利者

双赢——谈判的最高境界

双赢，是谈判艺术的最高境界，也是提高协调能力的要求。协调就是解决矛盾分歧。协调成功，双方满意，是人际关系成熟、谈判艺术水平高明的体现。

俗话说得好，有备无患。谈判者只有在谈话之前做好充分的准备工作，才会使谈判朝着自己希望的方向走，从而达到预期的效果。

1. 明确自己的优劣势

领导者在谈判开始之前需对自己有一个真切的了解，如从自身、企业、国家等不同的角度进行分析，哪些属于优势方面，哪些是薄弱环节，以客观的态度进行考察和评价，从而明确自己到底需要什么，并根据自己的实力排列赢、和、输、破裂四种谈判结果的优先顺序。此外，从自身的角度来看，作为谈判者，对其知识、修养、口才乃至风度都有一定的要求，谈判需要广泛的、丰富的知识和经验。同时，人的性格上的弱点对谈判也有影响，比如，自卑的人面对较强硬的对手，会产生较大的心理压力，容易接受暗示，爱犹豫，当断不断；脾气急躁的人在谈判中往往不冷静，缺乏耐心，造成判断失误，或因急于求成，忽视细节，让对方钻空子；爱钻牛角尖的人，不善于多向思维，应变能力差等。知己才能知人，善于剖析自我，善于克服性格上的弱点，不断提高自身的素质，这对于在谈判中更好地发挥水平是很重要的。

2. 搜集谈判情报

谈判的时候，能否搜集到充分的情报是谈判成功的关键。因此，领导者要积累各类信息，为自己建立一个信息库，这在经济谈判中尤其是涉及企业之间贸易方面的内容时更为重要。在一些正式谈判前，等到已知双方要就某个问题进行谈判时，再去收集对方情报，那样就为时晚矣。因为对方已把你当作危险人物，而且此时正是对方保密警惕性最高的时候。所以，平时就应该进行各类情报、资料、信息的收集与积累，形成一个信息库，在谈判之前，进行整理、分析。在谈判中，要做到"胸中有数"，收集对方的情报是不容忽视的。为了对付未来的谈判对手，要尽可能多地了解对方，包括对方的个人性格特点，如兴趣、爱好、追求等。对于一些贸易公司，在经济谈判前，要根据具体情况和要求，充分了解对方公司的信誉、作风、经营能力、政治态度及以往履行合同的情况，尽可能多地掌握和准备有关对方的情报资料，以此来预测对方通过谈判所要实现的目标。总而言之，在谈判前，要收集和研究所谈问题的有关资料，熟悉有关情况和背景，不忽视任何细节和任何技术性问题，只有详尽地了解自己和对方的优劣、意图，才能确定自己的目标，进一步准备好对策。

3. 拟订谈判议程

谈判议程是谈判内容的次序，是对谈判内容、时间的具体分配。议程并不是正式的协约。如果任何一方在会谈开始后，发现议程不妥，有权提出修正。协商议程需要一个达成共识的过程，如果双方存在许多矛盾，需要坐下来谈判才能解决，而双方迫切需要解决的问题不是一码事时，就要协商。否则，谈判将耗费在谈判议程的争执上，而非解决实质性的问题。在福克兰战役的善后事宜中，英国和阿根廷对于谈判内容产生分歧，英国提出目前急需解决的问题是贸易及航海权，阿根廷坚持首先解决，而且必须解决马尔维纳斯群岛的主权纠纷。除非能找到使双方都能保全面子的办法，否则谈判将无法进行。谈判议程虽然只是谈判内容先后次序的时间表，但是，谈判议程里隐含着许多信息，要善于挖掘信息。由议程可以窥见谈判的目的和方向，以及谈判过程中每个阶段和议题的重要程度。而且，掌握议程就能掌握谈判的进展，准确地做出有利于自己的决定。

在供求商务谈判中，若买方没有注意谈判议程，卖方就有可能将买方引入事先设置的圈套，从而获得主动权。而国际关系谈判中，若己方没有留意谈判议程，急于得到谈判结果，并且想达到的结果对于对方来说并无大益时，对方便会有意多设置几个程序，或拖延谈判时间，或改变谈判目标，或有意耍弄己方，令己方难堪。例如在美伊战争期间，美国与伊拉克曾几度坐下来进行停战谈判。美国总统布什自认为大局已定，根本没看伊拉克提出的谈判议程。当他认为双方该达成协议时，对方却告诉他，彼此只是达到了某个程度的谅解；当他认为双方已经达到谅解的程度时，对方又告诉他，谈判才进行了几个简单的程序。这一谈判实况曾被许多国家报道，弄得布什非常难堪。因此，在谈判正式开始之前，一定要注意到议程的价值。要先行拟定议程，掌握主动权。如果双方非常重视谈判议程，要求由他们拟定议程的话，就要与他协商，对己方不利的议程不能接受。

成功的谈判，双方都是胜利者

深知谈判学的尼伦伯格在管理界独树一帜地提出了自己的谈判理论，这种谈判理论在具体的应用中，更像是一种双赢的管理策略。因为，谈判是一种合作，身为总裁，如果目光短浅，一味地强调自己的利益，势必会降低对方与你的合作热情，最终让你得不偿失。

查里斯是一位卖面包的商人，一次，为了躲避寒冷冬夜里的大雪，他匆匆来到了一座破庙里。在这里，他遇到了一位卖棉被的小商贩。双方似乎都有求于对方，但是，谁也不情愿首先提出来，生怕自己在这场交易中吃亏。

于是过了一会儿，哆嗦着的查里斯对自己说："吃个面包。"

卖被子的商人也自言自语地说："盖条被子。"

又过了一会儿，查里斯又吃了一个面包，卖被子的又盖了一条被子。但是，他们谁也不愿意主动做出让步，先解决对方的燃眉之急，而是暗地里较劲儿。

第二天早晨，有一个人来到庙里，他发现了两具尸体。一具尸体上盖满了被子，一具尸体边堆满了面包。

若将他们比作是谈判的双方，原本他们可以进行一次各得其所的合作，但是，自私、不服输的心理却让他们酿成了一场悲剧。

所以，尼伦伯格认为，谈判的过程中，只有做到知己知彼、优势互补，才可以取得双赢。如果你只是想在谈判中兼并对方，让对方甘拜下风，结果往往会事与愿违。不论你是想与一些实力较自己弱小的公司合作，还是与财力比自己更雄厚的公司合作，都不能因为短暂的利益损害了双方良好的合作关系。因为真诚的合作与短期利益相比，更利于一个企业的长足发展。当然也更有利于提高一个企业的影响力，因为相对于短期利益来说，影响力是更为持久的潜在的品牌利益。

双赢——继续合作的基础

激烈的竞争，需要真诚的合作，长久的合作需要"双赢"为保证，协作的任何一方，不赢反亏，就失去了继续合作的基础，处在合作中受到伤害，那必然会陷入"你死我活"的游戏恶圈中。

有这么一则寓言故事：

一只狮子和一只狼同时发现一只小鹿，于是商量好共同追捕那只小鹿。它们合作良好，当野狼把小鹿扑倒，狮子便上前一口把小鹿咬死。但这时狮子起了贪心，不想和野狼平分这只小鹿，于是想把野狼也咬死，可是野狼拼命抵抗，后来狼虽然被狮子咬死，但狮子也身受重伤，无法享受美味。

试想一下，如果狮子不如此贪心，而与野狼共享那只小鹿，岂不就皆大欢喜了吗？这个故事讲述的道理就是人们常说的"你死我活"或"你活我死"的游戏规则！

我们说，人生犹如战场，但毕竟不是战场。战场上敌对双方不消灭对方就会被对方消灭。而人生赛场不一定如此，为什么非得争个鱼死网破，两败俱伤呢？

当你在社会上行走时，建议你也采用"双赢"的竞争策略，这倒不是看轻你的实力，认为你无力扳倒你的对手，而是为了现实的需要，如前面所说，任何"单赢"的策略对你都是不利的，因为它必然会有这样的结果：除非对手是个软弱角色，否则你在与对方进行争斗的过程当中，必然会付出很大的心力和成本，而当你打倒对方获得胜利时，你大概也已心力交瘁了，甚至所得还不足以弥补你的损失。

在人类社会里，你不可能将对方绝对毁灭，因此你的"单赢"策略将引起对方的愤恨，成为你潜在的危机，从此陷入冤冤相报的循环里。

在进行争斗的过程当中，也有可能发生意外的情况，而这会影响本是强者的你，使你由胜而败！

所以无论从什么角度来看，那种"你死我活"的争斗在实质利益、长远利益上来看都是不利的，因此你应该活用"双赢"的策略，彼此相依相存。

在人脉资源上，注重彼此和谐与互动合作，面对利益时与其独吞，不如共享。

在商业利益上，讲求"有钱大家赚"，这次你赚，下次他赚，这回他多赚，下回你多赚。何必如此贪心？

总而言之，"双赢"是一种良性的竞争，更适合于现代社会的相互竞争。不过，人在自己处于绝对优势时常会忘记前面那则寓言所描述的状况，其最终的结果也必然是赢得凄惨，这种赢又有何意义？

妥善处理危机有助于增强组织的凝聚力

没有冲突的组织是没有活力的

在传统意义上，冲突从来就被认为是造成和导致不安、紧张、不和、动荡、混乱乃至分裂瓦解的重要原因之一。冲突破坏组织的和谐与稳定，造成矛盾和误解。基于这种认识，一位有影响力的领导者从来都将防止和反对冲突作为自己的重要任务之一，并将化解冲突作为维系现有组织的稳定和保证组织的连续性、有效性的主要方法之一。毋庸置疑，传统的观点有其合理性的一面，但将冲突完全消化显然是一种不够全面的理解。既然冲突是不可避免的，是任何组织或个人获得事业成功所必须面对的，那么，作为一位有影响力的领导者要敢于直面冲突和矛盾，闻争则喜，应成为领导者提高影响力的一种时尚。

1. 正面看待矛盾和冲突

(1) 用辩证的观点看待矛盾和冲突。

从心理学角度来讲，冲突是指两种目标之间的互不相容或相互排斥、相互对立。冲突表现为由于观点、需要、欲望、利益或要求的不相容而引起的一种激烈争斗。一个有影响力的管理者既要洞察到冲突发生的可能性，尽量缓和与避免冲突的发生，又要正确地对待已经发生的冲突，科学合理地加以解决，使冲突结果向好的方面转化。其次，一个有影响力的管理者应该用辩证的观点来对待冲突，要注意和分析冲突的不同性质，要善于在对与错、是与非等问题上明确表态。

随着时代的变迁和管理学的不断发展，人们对于冲突的看法也在不断地变化。以下是有关冲突的三个看法：

第一，在组织中，冲突是很常见的，因为组织成员不见得都对其职务和责任感到满意，而且每个人对组织目标的承诺并不相等。

第二，有些冲突对组织成员和组织目标的达成是有害的，但另外一些冲突却是有利的。从冲突的性质来看，冲突可分为建设性冲突和破坏性冲突，两者的划分不是绝对的，往往是综合交叉，也可相互转化。

第三，缓和冲突的原则，对那些有危机存在的组织（如军队）和业务较例行性的组织是有帮助的，但对于知识性较强的技术生产性的组织（如从事研究发展的组织）就不适用了。

如果冲突和压力反映了一项促进竞争、提高注意力和工作努力的承诺，那可能是有益的。太少的冲突，可能导致停滞不前，但无法控制的冲突会对组织产生威胁。由于成员和组织对压力承受的能力不同，因此一个有影响力的领导者要尽可能地控制冲突发展并化解冲突。最主要的是，冲突本身并不危险，危险的是处理不当。

(2) 直面矛盾和冲突。

美国西点军校编写的《军事领导艺术》一书对冲突的积极作用探讨指出，群体间的冲突可以为变革提供激励因素。当工作进行得很顺利，群体间没有冲突时，群体可能不会进行提高素质的自我分析与评价，相反，群体可能变成死水一潭，无法发掘其潜力；通过变革促进成长与发展，群众间存在冲突反倒会刺激组织在工作中的兴趣与好奇心，这样其实反而增加了观点的多样化以便相互弥补，同时提高了紧迫感。

2. 冲突可能比一致更可靠

对于今天有影响力的领导者来说，既然冲突和矛盾是必然的，普遍存在的，就不应回避、抹杀或熟视无睹，更不要为暂时的"一致"所蒙蔽，甚至人为地营造"一致"的现象。总之，任何一个人的认识能力都是有限的，一个人的意见不可能永远正确，而有冲突和矛盾也许正是弥补这一不足的最佳方案，只要协调合理，沟通及时，冲突会为成功铺垫基础。

这个案例告诉我们：面对冲突以及在冲突产生时所采取的不同态度，会直接影响到事业的成败。杜兰特和斯隆对组织冲突所采取的不同的领导或协调手段，直接导致了对其终极目标的影响。对于一个有影响力的领导者来讲，在组织内部没有任何冲突并不一定是件好事，因为冲突存在是正常的，在大多数情况下，冲突可能比一致更可靠，关键的问题是如何解决冲突。

妥善处理危机有助于增强组织的战斗力

当危机特别是大危机袭来的时候，员工的心态是容易发生变化的。危机面前人心思散、人心思走的事情时有发生。一个有影响力的领导者只有谋求良策，让自身和组织奋力闯关并夺关而过，才能使大家看到希望，进一步团结和振奋起来。无数事实证明：如果危机得到妥善处理，人气必将更旺，人心必将更齐，组织的凝聚力和战斗力都会更强。

1929 年 11 月至 12 月间，经济不景气的情况愈来愈严重，松下电器也受到影响，产品的销售量急速减退，如果再继续下去，只有绝路一条了。

事情到了这种地步，帮助松下照顾公司的井植和武久两人，也忧心忡忡地替松下制定对策。他们初步研讨的结果是，决定裁减一半员工。

为了渡过难关，除了减少开支外别无他策。他们两人带着这个方案来看望正在病中的松下幸之助。一听到他们的解决方案，说来奇怪，松下幸之助茅塞顿开，立刻有了决定，否决了裁员的方案，当场宣布这样一个决定：即日起产量减半，员工都不解雇。处理原则：工厂上班半天，生产减半，月薪全额照发，不减少员工的收入，但店员取消休假，全力以赴，努力推销库存的产品，以这种耐久战，静观其变。这样可维持资金灵活地调动，不致周转不灵。至于损失半日的工资，如以长远的眼光看，仅是暂时的小损失，无关紧要。如果在松下电器公司正筹谋计划扩大业务之时，因面临不景气的打击，就解雇员工，那是对自己的经营没有足够的信心。

松下幸之助回忆道："他们两人知道我这种决心并当场听到我的决定，也是大喜过望。向我保证将全力以赴，实行我的决定和方针，请我放心好好疗养。他们回去后立即召集全体员工开会，宣布我的方针。当时全体员工都非常感动，高声欢呼，誓以全力推销产品，决不放松。"

结果，说也奇怪，全体员工的努力竟然奏效。没过几个月，满仓的库存，竟销售一空，不仅废除了半日作业，恢复全天班，增加生产，业绩也呈现空前的盛况。

有影响力的领导者知道，一件"坏事"，一场危机，如果处理得好，往往可以变成"好事"，变成有可能走向成功，提高自己的影响力，甚至再造辉煌的契机。

第二篇

意志力

神
奇
的
意
志
力

> 人与人之间、强者与弱者之间、大人物与小
> 人物之间，最大的差异，就在于其意志的力量，
> 即所向无敌的决心。一旦确立了一个目标，就要
> 坚持到底，不在奋斗中成功，便在奋斗中死亡。
> 具备这样的品质，你就能在世界上做成任何事情。
>
> ——伯克斯顿

意志力的差异决定人的差异

人与人之间，成功者与失败者之间，弱者与强者之间，最大的差异，往往并不是能力、素质、教育等方面的差异，而是在于意志的差异。正是因为意志比较薄弱，才会有那么多弱者、失败者，而那些意志坚强的人才是少数的成功者。

英国议员福韦尔·柏克斯顿说："随着年龄的增长，我越来越体会到，人与人之间、弱者与强者之间、大人物与小人物之间，最大的差异就在于意志的力量，即所向无敌的决心。一个目标一旦确立，那么，不在奋斗中死亡，就要在奋斗中成功。具备了这种品质，你就能做成在这个世界上可以做的很多事情。否则，不管你具有怎样的才华，不管你身处怎样的环境，不管你拥有怎样的机遇，你都不能使一个两脚动物成为一个

真正的人。"

杜邦公司创始人伊雷尔的哥哥维克多可以说是一表人才，他能说会道，仪表堂堂。他是一个社交明星，给每个人留下的第一印象都是完美的。但是熟悉他的人知道，他仅仅是个奢华浮躁的公子哥儿，没有坚强的意志力。如果派他外出考察，他回来后拿不出多少有价值的商业情报，却能绘声绘色地描述旅途中的美味佳肴和美女。伊雷尔做火药买卖时，维克多在纽约给他做代理。然而，在花天酒地的生活中，维克多挥金如土，并最终导致了公司的破产。

伊雷尔则是截然相反的人。他身材不高，相貌平平，但在学习和工作中有股百折不挠的坚韧劲。小时候在法国，家境还很宽裕的时候，他受拉瓦锡的影响，对化学着了迷。那时候他父亲皮埃尔是路易十六王朝的商业总监，兼有贵族身份，谁也想不到这个家庭在未来的法国大革命中会险遭灭顶之灾。拉瓦锡和皮埃尔谈论化学知识的时候，小伊雷尔总是稳稳当当地坐在旁边，竖起耳朵听着，他对"肥料爆炸"的事尤其感兴趣。拉瓦锡喜欢这个安安静静的孩子，并把他带到自己主管的皇家火药厂玩，教他配制当时世界上质量最好的火药。这为他将来重振家业奠定了基础。

若干年后，他们全家人逃脱法国大革命的血雨腥风，漂洋过海来到美国。他的父亲在新大陆上尝试过 7 种商业计划——倒卖土地、货运、走私黄金……全都失败了。在全家人垂头丧气的时候，年轻的伊雷尔苦苦思索着振兴家业的良策。他认识到，目前战火连绵，盗匪猖獗，从事商品流通业有很大的风险，与其这样，倒不如创办自己的实业。但是有什么可以生产的呢？这个问题萦绕在他脑海里，就连游玩时他也在想。

有一天，他与美国陆军上校路易斯·特萨德到郊外打猎，他的枪哑了3次，而上校的枪一扣扳机就响。上校说："你应该用英国的火药粉，美国的太差劲。"一句话使伊雷尔茅塞顿开。他想：在战乱期间，世界上最需要的不就是火药吗？在这方面，我是有优势的，向拉瓦锡学到的知识，会让我成为美国最好的火药商。后来，他就凭着百折不挠的毅力，克服了许多困难，把火药厂办了起来，办成了举世闻名的杜邦公司。

由此可见，天才、运气、机会、智慧和态度是成功的关键因素。除了机会和运气之外，上面这些因素在人生征程中的确重要。但是，仅具备一些或者所有这些因素，而没有坚强的意志，并不能保证成功。那些取得辉煌成就的人都有一个共同特征，即目标明确、不屈不挠、坚持到底、不达目的绝不罢休。

在人生的道路上，出发时装备精良的人不在少数，这些人有着过人的天资、有机会接受良好的教育、有社会地位——这一切本该使他们平步青云。但是，这些人往往一个接一个地落在了后面，被那些智力、教育和地位远不如他们的人超越了，而那些赶超他们的人在出发时往往从未想到自己能超过这些装备精良的人。这是为什么呢？个人意志力的差异解释了这一切。没有强大的意志力，即使有着最优秀的智力、最高深的教育和最有利的机会，那又有什么用呢？

从通俗的意义来讲，意志力的发展对于一个人的成功有举足轻重的作用。没人能够预测意志的力量到底有多大，和创造力一样，意志力根植于人类伟大的内在力量的源泉之中，这是人人都有的一种来源于自我的力量。

这种坚忍不拔的毅力非常重要，如果没有坚强的意志和顽强的毅力，在如今这个充满着各种诱惑的社会中还能有什么机会呢？想要在竞争激烈的环境中脱颖而出，就必须成为一个果敢而有坚定信念的人。

通过考察一个人的意志力，可以判断他是否拥有发展潜力，是否具备足够坚强的意志，能否坚忍地面对一切困难。而且，人们都会信任一个坚忍不拔、意志坚定的人。不管他做什么事情，还没有做到一半，人们就知道他一定会赢。因为每一个认识他的人都知道，他一定会善始善终。人们知道他是一个把前进路上的绊脚石作为自己上升阶梯的人；他是一个从不惧怕失败的人；他是一个从不惧怕批评的人；他是一个永远坚持目标，永不偏航，无论面对什么样的狂风暴雨都镇定自若的人。

意志力是心智的统帅

正确的意志力是心智的统帅。

最能说明这个问题的就是注意力的集中，而注意力的集中正是意志力作用的结果。在集中注意力时，思想就会将它的能量集中在一个物体或者一组物体上。比如把两本书放在眼前，我们可以大致领略两本书的文字，但当我们集中注意力，用心去感受其中一本书的内容时，那么，我们真的就只会关注那本书，而另外一本书由于意志力的作用而被忽略了。这个例子还可以很好地说明意志力可以引起人的抽象思维。人的思维在某种单一的行为中所显示出来的专注程度和力度，往往体现了意志力持久作用的结果。从这一点来说，意志力的强弱就体现在"集中注意力"

的强弱上，或者说意志力的强弱表现在思考过程中，表现在人的自我控制能力的大小上。

古今中外，很多杰出的人物都具有这种强大的意志力，以至于他们在专注于自己的思想时，能够对周围的一切置若罔闻。

一天中午，贝多芬走进一家餐馆吃饭。当时餐馆里生意兴隆，侍者们忙得不可开交。一位侍者把贝多芬引领到座位后，就忙着去招呼其他客人了。于是贝多芬正好利用等待的空隙继续思考还没有完成的乐曲。

时间一分一秒地过去，贝多芬用手指轻轻地敲弹着餐桌的边沿，回想着几天来一直在构思的那首曲子。渐渐地，餐馆里的嘈杂声被贝多芬心中流淌的音乐所取代。他沉浸在自己的思绪里，仿佛又置身于家中的那架钢琴前，黑白琴键在他眼前闪烁着迷人的光芒。他舒缓地抬起手腕，弹下去……优美的音乐马上流淌开来，贝多芬感受着乐曲中一切微小的细节，有哪一处需要修改，他就马上拿起笔，在乐谱上标注……很快，几天来一直进展得不是很顺利的乐曲，竟然完美地呈现出来了！

"太好了！"贝多芬兴奋地欢呼起来。这时，他才发现自己竟然还坐在餐馆里，手下弹奏着的不是钢琴，而是铺着雪白桌布的餐桌。餐馆里的人都被他突然的大喊吓了一跳，人们诧异地看着他，以为他精神不正常。

侍者也立刻注意到了这位被冷落很久的客人，他以为贝多芬要大发雷霆，赶紧一边大声道歉，一边抓起菜单走过来："对不起，对不起，先生，我这就为您……"

"没关系，一共多少钱？请您快点给我结账！"贝多芬打断侍者的话，说道。他迫不及待地要赶回家去把刚刚构思好的乐曲记录下来。

"啊？"侍者大吃一惊，说，"可是，先生，您还没有吃呢！"

"哦？真的吗？我怎么觉得饱了呢？"贝多芬笑着说，"看来，音乐还能解除我的饥饿呢！"

和许多废寝忘食投身于事业的科学家、艺术家一样，贝多芬几乎把全部身心都投入到他所热爱的音乐事业中，所以才写出了震撼人心的《命运交响曲》《悲怆奏鸣曲》等一系列世界音乐史上的经典之作。这也向世人有力地证明了一点：只有排除干扰，将精力完全专注于一件事情上，才会产生伟大的思想结晶。

意志的力量同样还显著地表现在记忆这一行为上。在"记忆"的过程中，意志力常常会用其能量给人的精神"充电"。但一些事实也会由于兴趣本身的巨大影响，而铭刻在人的大脑中。正如人们所认为的那样，在受教育的过程中，大脑格外需要意志力的激励。小和尚念经般的反复诵读功课是什么也学不到的。注意力、集中的思维和兴趣的有益影响都必须积极地参与到记忆过程中去，这样才能保证工作和学习的高效率。

注意力高度集中时，智力和体力活动都极度紧张，无关的运动都停止了，身体的各个部分都处于静止状态，甚至有时抬起的手都忘了放下，呼吸变得轻微缓慢，吸气短促而呼气延长，常常还发生呼吸暂时停止的现象（即屏息），心脏跳动加速，牙关紧咬等。一般说来，注意力高度集中只能是短时间的。此时所记住的东西，往往能记很长的时间，甚至一辈子不忘。

生活中，也许有的人天生就拥有良好的记忆能力，然而真正持久、清晰的记忆力却必须依赖于意志力的驱动和坚持不懈的努力；需要人们有意识地、自觉地训练大脑，保持记忆的连续性和准确性。

记忆的最初是利用形象记住事物，记忆力与想象力紧密相连。就是说，在头脑中好像有个电影银幕，当看到文字或听到话语的时候，要立刻在这个银幕上描绘出形象来。只要经常练习，养成这种习惯，那么看到或听到的事物的形象，就能在很短的时间里映现在头脑中，因而就容易留下记忆。

当脑海中浮现形象的时候，最关键的一点，就是尽可能把它们换成具体的物品。例如，从香烟这个词想象出自己常吸的某品牌香烟的形象；要是领带，就想象出一条有着时兴花样的领带的形象；如果是围巾，就想象出你所喜爱的经常围着围巾的形象。

记忆总是与想象紧密联系在一起的。若大脑对于过去只是一片空白，则无法拼凑出想象的图像。想象有着一系列奇妙的特性，如强制性、目的性和控制力。

我们头脑中有时冒出的各种念头尽管新颖得令人叫绝，但是或多或少有些模糊和令人迷惑。然而，这种脑海中的丰富联想必须要靠意志力的积极作用，必须进行不懈的磨炼才能够培养起来。

持续的思考和不懈的实践，会使得一个人在脑海里对事物的看法、对事物联系的观察、对各种事物的关系，形成更为生动可信的印象。如果一个人无法在这些方面做得很出色，通常是由于意志力没有引导好自己的思想能力，使其对事物的分析达到具体入微的境地。在强有力的意志的驱使下，人能想起一大堆的事实、各种各样的事物及其相应的规律、一大群的人、一个地区的概貌，甚至能够想起曾经有过的快乐幻想，以及很多很多对现实生活和理想世界的观念与设想。

自古至今，每个人的想象力都是非常丰富的。

文学的发展离不开作家的想象。可以说，没有想象就没有艺术，没有文学。艺术的生命根源于艺术家的想象力。想象是人类精神财富的一部分，整个人类的文明进程都离不开想象。想象能"十分强烈地促进人类发展的伟大天赋"。不仅在艺术领域，其他的社会科学领域诸如哲学、宗教领域，都需要想象。就是在自然科学领域里，想象也同样是科学家进行科学研究所必需的一种素质。正是由于人类具有奇特的想象力，才有了今天绚烂多彩的文明社会。

由此可见，意志力统率着人的心智，人在意志力的推动下创造着辉煌的文明。当意志力无比强大的时候，人能不断取得胜利；当意志力衰败之时，生活也将毫无生气。

保持恒心

我国古代学者更强调恒心的价值。荀子云："锲而舍之，朽木不折；锲而不舍，金石可镂。"在意志过程中，恒心阶段具有更为本质的意义。因为光有决心和信心，而没有坚持到底的恒心，自然毫无意义：决心成了水中之月，信心也成了闪烁流星。恒心的坚持在于，一方面要善于抵制不符合行动目的的主观因素的干扰，做到面临重重诱惑而不为所动；另一方面要善于长久地维持已经开始的符合目的的行动，做到无论从事什么工作，都有始有终。具有恒心的人，不论前进的道路上如何险阻重重，都不会放弃对目标的执着追求；不论行动的过程中如何枝节横生，总是目不旁顾，坚持既定的方向。

恒心是克服一切困难的钥匙，它可以使人们成就一切事业；它可以使人们在面临大灾祸、大困苦的时候不致覆亡；它可以使人们以铁路、电报等工具，将各洲贯通联络起来；它可以使人们寻见新陆地，获得大胜利；它可以使贫苦的孩子接受大学教育，在社会上有所表现；它可以使纤弱的女子担当起持家的重担，使残疾的人能够挣钱养活衰老的父母；它可以使人们逢山凿隧道，遇水架大桥。

世界上没有任何东西可以替代恒心，知识、金钱、权势以及其他一切的一切都不能替代。

恒心是一切成大事者的特征。劳苦不足以使他们灰心，困难不足以使他们丧失意志，不管是怎样的艰难困苦，他们总会坚持忍耐着，因为"坚韧"是他们的天性。他们或许缺乏某种良好的素质，或许有种种弱点、缺陷，然而恒心是成大事的人绝不会缺少的涵养。

凡是用恒心当作资本从事事业者，他成功的可能，比那些以金钱为资本从事事业者要大得多。人们的成功史，每时每刻都在证明拥有恒心可以使人脱离贫穷，可以使弱者变成强者，变无用为有用。

著名的发明家爱迪生就是一个具有恒心的人。每当他发明一件东西的时候，他都要忍受别人的讥笑和指责，因为他的观念太新了，别人无法接受，甚至有不少人把他的新奇发明视为洪水猛兽。但是，爱迪生能够忍受任何讥笑，努力地为自己的发现寻找依据，并争取别人参与试验和试用。相传他在发明电灯的过程中，为寻找适合做灯丝的材料，曾先后试验过 1000 种材料。当别人嘲笑他的时候，他却回答："在失败999 次的同时，我也找到了 999 种不能用电来发光的材料。"

"继续吧！继续吧！没有任何东西可以取代恒心。只凭聪明的人，不能够成功，因为聪明而不能成功的人实在太多了。"发展了麦当劳连锁快餐的韦郭先生，曾经讲过一些关于恒心的话，他说，"只凭天才的人不能够成功，因为怀才不遇的人在这个世界上着实不少。教育也并不能够取代恒心，在今日的社会中，不是有很多自暴自弃的读书人吗？只有恒心，才是成功的唯一要素。"

当人们竭尽全力却依然要面临失败的结局，当其他各种能力都已束手无策、宣告绝望之时，恒心便悄然来临，帮助人们取得胜利、获得成功。

依靠无坚不摧的恒心而做成的事业是神奇的。当一切力量都已枯竭了、一切才能宣告失败时，恒心却能依然坚守阵地。依靠恒心，终能克服许多困难，甚至最后做成许多原本已经不抱希望的事情。

当人人都停滞不前的时候，只有富有恒心的人才会坚持去做；人人都因感到绝望而放弃的信仰，只有富有恒心的人才会坚持着，继续为自己的意见辩护。所以，具有这种卓越品质的人，最终都能获得良好的声誉和可观的收益。

只有通过夜以继日、坚持不懈的努力，我们才能培养出坚强的意志力，它可以面对一切困难的挑战。这种自我训练的过程是循序渐进的，而最终使意志力达到较高境界所需的时间也因人而异。

人需要培养意志力

意志力对于人的发展至关重要，人需要培养自己的意志力。

我们可以通过有意识地运用各种激励方法和教育而使意志力得到锻炼和加强，并且还可以通过完成每个具体行为目标来培养意志力。强大的愿望潜藏在每个人的内心深处，但是在受到召唤之前，它默默地沉睡在那里，人们忽视了它的存在。正因为如此，对个人意志力的科学训练总会产生奇迹。

生活中，许多人的意志力都亟待加强，然而令人不可思议的是，很少有作品对这个问题进行专门论述。在现代教育体系中，人们很少重视对意志力的培养这一问题。在关于教育学和心理学的著作中，时常有文章指出意志力培养的重要性，但是关于个人该如何培养意志力的论述，却显得苍白无力，言之甚少。培养意志力的重要性确实非同寻常，因为它往往能够决定一个人的命运，甚至它的影响要超过智力的影响。

一个铁块的最佳用途是什么？第一个人是个技艺不纯熟的铁匠，而且没有要提高技艺的雄心壮志。在他的眼中，这个铁块的最佳用途莫过于把它制成马掌，他为此竟还自鸣得意。他认为这个粗铁块每千克只值四五分钱，所以不值得花太多的时间和精力去加工它。他强健的肌肉和三脚猫的技术已经把这块铁的价值从 1 元提高到 10 元了，对此他已经很满意了。

此时，来了一个磨刀匠，他受过一点更好的训练，有一点雄心和更高一点的眼光，他对铁匠说："这就是你在那块铁里见到的一切吗？给我一块铁，我来告诉你，头脑、技艺和辛劳能把它变成什么。"他对这块粗铁看得更深些，他研究过很多锻冶的工序，他有工具，有压磨抛光的轮子，有烧制的炉子。于是，铁被熔化掉，碳化成钢，然后被取出来，经过锻冶，被加热到白热状态，然后投入冷水或石油中以增强韧度，最后细致耐心地进行压磨抛光。当所有这些都完成之后，奇迹出现了，他竟然制成了价值 2000 元的刀片。铁匠惊讶万分，因为自己只能做出价值 10 元的粗制马掌。经过提炼加工，这块铁的价值已被大大提高了。

另一个工匠看了磨刀匠的出色成果后说："如果依你的技术做不出更好的产品，那么能做成刀片也已经相当不错了。但是你应该明白这块铁的价值你连一半都还没挖掘出来，它还有更好的用途。我研究过铁，知道它里面藏着什么，知道能用它做出什么来。"

与前两个工匠相比，这个匠人的技艺更精湛，眼光也更犀利，他受过更好的训练，有更高的理想和更坚韧的意志力，他能更深入地看到这块铁的分子——不再囿于马掌和刀片。他用显微镜般精确的双眼把生铁变成了最精致的绣花针。他使磨刀匠的产品的价值翻了数倍，他认为他已经榨尽了这块铁的价值。当然，制作肉眼看不见的针头需要有比制造刀片更精细的工序和更高超的技艺。

但是，这时又来了一个技艺更高超的工匠，他的头脑更灵活，手艺更精湛，更有耐心，而且受过顶级训练，他对马掌、刀片、绣花针不屑一顾，用这块铁做成了精细的钟表发条。别的工匠只能看到价值仅几千元的刀片或绣花针，他那双犀利的眼睛却看到了价值10万元的产品。

也许你会认为故事应该结束了，然而，故事还没有结束，又一个更出色的工匠出现了。他告诉我们，这块生铁还没有物尽其用，他可以让这块铁造出更有价值的东西。在他的眼里，即使钟表发条也算不上上乘之作。他知道用这种生铁可以制成一种弹性物质，而一般粗通冶金学的人是无能为力的。他知道，如果锻铁时再细心些，它就不会再坚硬锋利，而会变成一种特殊的金属，富含许多新的品质。

这个工匠用一种犀利的、几近明察秋毫的眼光看出，钟表发条的每一道制作工序还可以改进；每一个加工步骤还能更完善；金属质地还可以精益求精，它的每一条纤维、每一个纹理都能做得更完善。于是，他采用了许多精加工和细致锻冶的工序，成功地把他的产品变成了几乎看不见的精细的游丝线圈。一番艰苦劳作之后，他梦想成真，把仅值1元的铁块变成了价值100万元的产品，同样重量的黄金的价格都比不上它。

但是，铁块的价值还没有完全被发掘，还有一个工人，他的工艺水平已是登峰造极。他拿来一块铁，精雕细刻之后所呈现出的东西使钟表发条和游丝线圈都黯然失色。待他的工作完成之后，你见到了牙医常用来勾出最细微牙神经的精致钩状物。1千克这种柔细的带钩钢丝，如果能收集到的话，要比黄金贵几百倍。

此刻，你一定会对铁块的潜力产生新的认识吧。当铁块被当作废铁孤零零地扔弃在垃圾堆里时，你是否曾经思量过它有着未被开发的巨大的价值？其实，故事中的铁块就是你自己，故事中的工匠也是你自己。一个人要成为有多大价值的人才，取决于你对自己的锻造。一块质地粗糙的铁块经过千锤百炼之后，会变得更硬更纯更有韧性，成为非常有价值的可用之材。而一个由肉体、思想、道德和精神力量完美结合在一起的人，同样经过千锤百炼之后，又会产生多么大的价值呢？你也要学习工匠把你自己这块材料加工成器，自觉地接受生活中各种痛苦的考验，生活中逆境的打击、贫困与痛苦中的挣扎、灾难与丧失之痛的刺激、艰苦环境的压迫、忧患焦虑的折磨、令人心寒的冷嘲热讽、经年累月枯燥的教育求索和纪律约束带来的劳累，你经受住并与之斗争，你在各种挑战中，独具匠心、锲而不舍地锻造自己，最终，生活的各种磨砺只会促使你更强大，更魅力非凡，更超凡脱俗。

那些逃避考验与磨难的人是懦夫，是庸人，是无药可救的失败者。一块铁经过日晒雨淋就会生锈，变得毫无价值；人的意志也一样，如果不努力去完善它、考验它、增强它的韧性，它也会腐蚀掉。

做一个像马掌一样普通的铁块并不是难事，但是要提高人生这个产品的价值就绝非等闲之事了。很多人都认为自己的天赋低劣，不如别人。但只要你愿意，通过耐心苦干、学习和斗争，就可以把自己从粗笨的马掌千锤百炼成精细的游丝。只要持之以恒、坚忍不拔，就可以把原材料的价值提升至令人难以置信的程度。

注意力是意志力提升的先决条件

要想对意志力进行科学的训练，就必须以注意力的训练作为开端。注意力是精神发展的动力之一。注意力是我们获取精神生活的原始素材，是最普通的探索工具。然而，能充分注意到自己的感觉，又能很好地利用自己感觉器官的人确实是太少了。这是被人们忽视的一大领域。

注意力是有目的地将心理活动长时间地集中于某一事物或某些事物上的能力，它是智商的重要构成部分。成功者往往具有更好的注意力，对人生和事业更专注、更执着。良好的注意力首先表现在注意力的范围上，即注意力在同一时间内所能清楚地抓住对象的数量，也就是在同一时间里能同时注意到多少问题的出现。善于控制自己的注意力，这样它就能根据我们的需要，具有一定的指向性、集中性和稳定性，继而提高我们的智能水平。注意力的集中与稳定是深入认识客观事物、提高工作效率的必要条件。

然而，我们生活在一个丰富多彩、纷繁复杂的世界上，各种对感官刺激的物质纷至沓来，让我们目不暇接。它分散了我们的注意力，妨碍了大脑皮质优势兴奋中心的形成和稳定，从而影响了我们对某一特定事物清楚、深入的认识。因此，我们必须加强注意力的调控能力。

从前，有个棋艺大师名叫弈秋。为了不让弈秋高超的棋艺失传，人们为他挑选了两个小孩子做徒弟。这两个小家伙都聪明得很，无论学什么都是一学就会，老百姓对这两个孩子寄予了很大的希望。

在学棋的过程中，一个孩子专心致志，一心一意地学，弈秋老师所讲的每一句话，他都牢记在心。另一个孩子却三心二意，漫不经心的，他把老师的话全当成耳旁风。一天，他又在胡思乱想，想象着天上飞来一群天鹅，自己立即拉弓射箭，好几只天鹅"扑啦啦"落下来，啊！好肥的天鹅呀！是烤着吃好，还是煮着吃好呢？他心里盘算着，嘴里流出了口水，心也早就飞到了天空中……

就这样日复一日，年复一年，结果是，在同一个老师的教导下，学出了一个超越弈秋的著名棋圣和一个一无所长的庸人。

歌德这样说："你最适合站在哪里，你就应该站在哪里。"这句话可以作为对那些三心二意者的最好忠告。

无论是谁，如果不趁年富力强的黄金时代去养成善于集中精力的好习惯，那么他以后一定不会有什么大成就。世界上最大的浪费，就是把一个人宝贵的精力无谓地分散到许多不同的事情上。一个人的时间有限、能力有限、资源有限，想要样样都精、门门都通，绝不可能办到，如果你想在任何一个方面做出什么成就，就一定要牢记这条法则。

那些富有经验的园丁往往习惯把树木上许多能开花结果的枝条剪去，一般人都觉得很可惜。但是，园丁们知道，为了使树木能茁壮成长，为了让以后的果实结得更饱满，就必须要忍痛将这些旁枝剪去。若要保留这些枝条，那么将来的总收成肯定要减少无数倍。人也是这样，人若过多地分散了自己的精力，就会"浮光掠影"，一无所长。人只有将注意力集中于一个点，并不断地努力下去，才能最终有所收获。

那么，我们该如何培养自己的专注力呢？

（1）提高参加活动（工作或学习）的自觉性，明确活动的目的和任务。如果一个人对自己所从事的活动的社会意义与个人意义有明确的认识，对这一活动的具体目的与任务有明确的了解，那他就一定能提高注意力集中的水平，使自己专心致志、聚精会神地去从事这一活动。

（2）选择清除头脑中分散注意力、产生压力的想法，使自己完全沉浸于此时此刻，集中注意力于一些平静和赋予能力的工作上，以便专心于所必须解决的问题，清晰的思考，富有创造力，做一些有质量的决定，较大程度地提高自身的效率。

（3）增强兴趣，激发情感，使自己津津有味、乐不知疲地进行活动。注意力与兴趣、情感的关系非常密切，一个对自己所从事的活动具有浓厚兴趣和热烈情感的人，他在活动时就一定能全神贯注、专心致志。

（4）一次只专心地做一件事，全身心投入并积极地希望它成功，这样你的心里就不会感到精疲力竭。不要让你的思维转到别的事情、别的需要或别的想法上去。专心于你已经决定去做的那个重要项目，放弃其他所有的事。

你可以把你需要做的事想象成是一大排抽屉中的一个小抽屉。你的工作只是一次拉开一个抽屉，令人满意地完成抽屉内的工作，然后将抽屉推回去。不要总想着所有的抽屉，将精力集中于你已经打开的那个抽屉。一旦你把一个抽屉推回去了，就不要再去想它，这样，你就不会因为干扰而分心了。

（5）养成深入思考的习惯。一个肯开动脑筋、积极思考的人，他就会为活动所吸引，从而使自己沉浸于活动之中；反之，一个浅尝辄止、懒于思考的人，他在活动中，就会如蜻蜓点水，无法使自己的注意力保持高度的集中。因此，我们为了引起并保持专心的注意状态，就必须使自己养成深入思考的习惯。

（6）保持身体健康，使自己有足够的活力和精力去进行活动。我国著名数学家张素诚说："要做到专心，就要身体好。身体不好，常想找医生看病，就专心不了。"

（7）注意适时休息。研究表明，如果人们在一天中经常得到缓解压力的休息，工作效率将会高得多。事实上，我们必须通过休息来加快速度和改进自己的工作。同时，通过转移我们的注意力，能使我们从旧框框中解脱出来，解放我们成就事业的创造力。

重新控制思维的一种方法是停止工作，让大脑得到休息。

一旦你感到大脑有点僵化，不能很好地思考问题或不能集中注意力时，请停止你手中的工作，让大脑得到片刻休息。站起来，走一会儿，喝杯水，跟别人交谈几句，呼吸一些新鲜空气，或者躲到一个安静的地方，参加一项与你的工作毫不相同的活动，让你的大脑完全沉浸在轻松有趣的活动之中。这么做能打断精神压力慢慢积聚起来的危险过程，缓和大脑的紧张程度，恢复大脑的思考能力。

在实践活动中锻炼意志力

美国著名小说家杰克·伦敦，在谈到自己的成功经历时说："意志不是与生俱来的，而是在参与实践的斗争中磨炼出来的。"

的确如此，人们的优良意志品质并不是主观上想要就能自然产生的，也不是闭门修养的方法所能奏效的，主要是靠在实践中培养。为了学会游泳，就必须下到水里去。为了培养良好的意志力，你就得置身于需要并能产生这种意志品质的实践之中。

我国学者自古就对实际锻炼给予了充分的重视。孔子特别重视"躬行"，主张凡事要躬行。荀子说："学至于行之而止矣。"墨子说："士虽有学而行为本焉。"朱熹更强调实践"洒扫、应对、进退之节"，认为实践是"爱亲、敬长、隆师、亲友之道"，是"修身、齐家、治国、平天下之本"。古代人讲究道德教育要"入乎耳，著乎心，布乎四体，形乎动静"。孟子有段名言："天将降大任于斯人也，必先苦其心志，劳其筋骨，饿其体肤，空乏其身，行拂乱其所为，所以动心忍性，增益其所不能。"这段话的大意是：要想让一个人挑起重担，必须让身心和意志受到磨难，让他的筋骨受些劳累，让他的肠胃挨些饥饿，让他的身体空虚困乏起来，让他做的事不能轻易达到目的，这是为了激励他的意志，磨炼他的耐性，增强他的各种能力。总之，就是让人们在艰苦磨炼的实践中培养艰苦奋斗、自强不息的精神和担当重任的本领。墨家也很重视实际锻炼，鼓励人在实践中磨炼自强不息的精神，墨子说："强必荣，不强必辱；强必富，不强必穷；强必饱，不强必饥……"

可见我国古代就有让孩子在实践中磨炼成才的传统。中华民族历来唾弃养尊处优、肩不能担、手不能提的"纨绔子弟"，鄙视生平无大志、碌碌无为的庸人。

通常说来，一个人的经历越是充满风浪，越能锻炼意志品质。平静的生活是使人安心的，但可惜的是，一潭死水的生活只是培养没出息者的温床，只能塑造出软弱、平庸之辈。在生活中，经历过大风大浪的磨炼，或在改革中经受了惊涛骇浪考验的人，意志往往是坚强的。而在生活中没有干什么大事业、没有经历过风浪考验的人，则常常表现得脆弱和软弱，遇到一点不大的挫折也能使他惊慌失措。波澜壮阔的伟大人生，要靠波澜壮阔的伟大实践来塑造。坚强无畏的意志，只会产生于久经生活磨炼和考验的那些人身上。

如果你要想培养自己坚毅果敢的意志力，你应该尽可能多让自己参与实践活动，无论是学习、做家务，还是社会活动，都可以磨炼你的意志。

不过，无论是在哪一种实际活动中磨炼意志，我们都应该注意以下几点：

（1）明确恰当的要求。也就是要明确意志锻炼的目标，以激发锻炼的积极性。给自己提出的要求：一是应当合理；二是应当简短；三是应当坚决；四是应当有系统性和连贯性，呈渐进的阶梯式。这样可以推动自己步步向前。

（2）把握好任务的难度。太容易的活动没有锻炼意志的意义，太困难的活动也会挫伤意志锻炼的积极性。所谓把握好难度，就是说需要完成的任务，应该既是困难的，又是力所能及的。

（3）尽量自主解决困难。在活动中遇到困难时，可以接受帮助和指导，但不要让别人代替自己克服困难。

（4）了解活动的结果。心理学的研究告诉我们，在练习活动中，是否知道练习过程中每一步的结果，最后的效果是不一样的。所以，我们的意志锻炼活动中，应该了解每次锻炼活动的结果，这有助于增强锻炼的自觉性和积极性，提高意志锻炼的效果。

一生的成败，全系于意志力的强弱。具有坚强意志力的人，遇到任何艰难障碍，都能克服困难，消除障碍。但意志薄弱的人，一遇到挫折，便思求退缩，最终归于失败。实际生活中有许多青年，他们很希望上进，但是意志薄弱，没有坚强的决心，终遭失败。

铸就果断的决策能力

果断决策的意志品质对于每个人来说都是非常重要的。

如果一个人拥有超越于犹豫不决和变化不定之上的非凡意志力，那是多么幸运的事情！他鄙视所有的循规蹈矩，他嘲笑所有的反对和抨击；他深深感到内心里涌动着去希冀和去行动的力量；他相信自己的幸运星，他对自己拥有实现愿望的能力深信不疑；他知道，没有任何怯懦的拖延，没有任何怀疑的阴影，没有任何"如果"或"但是"之类的辩解，没有任何疑虑或恐惧，能够阻止他去尝试；他嘲笑那些充满恐吓意味的横眉冷对，以及代表着阻碍和反对力量的流言蜚语；他对此十分清楚，成为一个真正的人应该做些什么，而且他敢于去做；他本身的人格要比他内心的本能冲动更强有力，他绝不会屈服于各种意见和反对的声音；他既不会为巨大的压力所胁迫，也不会为宠爱或欢呼声所收买。

他能深刻认识事物间的内在联系及事物的本质属性及发展规律，从而在纷繁复杂的各种事物中，透过现象看本质，并抓住主要矛盾，运用创造性思维方法，进行科学的归纳、概括、判断和分析，举一反三、触类旁通，找出解决问题的关键所在。

果断性这种良好的意志品质，并非与生俱来，更非一日之功，它是个体聪明、学识、勇敢、机智的有机结合，与个体思维的敏捷性、灵活性密不可分。谁都知道机会在人生中的意义。在生命中许多重要的转折点上，如果我们有果断的决策和行动，我们还会缺少机会吗？

对于每个人来说，要磨炼出意志的果断性，可从以下几个方面入手。

不怕做错决定

一个人要想好好运用决定的力量还得排除一个障碍，那就是克服"做错决定"的恐惧。

在圣皮埃尔岛发生火山爆发大灾难的前一天，一艘意大利商船奥萨利纳号正在装货准备运往法国。船长马里奥·雷伯夫敏锐地察觉到了火山爆发的威胁。于是，他决定停止装货，立刻驶离这里。但是发货人不同意。他们威胁说现在货物只装载了一半，如果他胆敢离开港口，他们就去控告他。但是，船长却丝毫不向他们妥协。他们一再向船长保证培雷火山并没有爆发的危险。船长坚定地回答道："我对于培雷火山一无所知，但是如果维苏威火山像这个火山今天早上的样子，我一定要离开那不勒斯。现在我必须离开这里。我宁可承担货物只装载了一半的责任，也不继续冒着风险在这儿装货。"

24小时后，发货人和两个海关官员正准备逮捕马里奥船长，圣皮埃尔的火山爆发了，他们全都葬身于火海之中。这时候奥萨利纳号却安全地航行在公海上，向法国前进。果断的决策力和不可动摇的毅力最终赢得了胜利，犹豫不决最终导致灭亡。

在一些必须做出决定的紧急时刻，果断决策者会集中全部心智来做一个决定，尽管他当时意识到这个决定也许不太成熟。在那样的情况下，他必须把自己所有的理解力和想象力激发出来，立即投入到紧张的思考中，并使自己坚信这是在当时的情况下所能做出的最有利决定，然后马上付诸行动。对于成功者来说，有许多重要决定都是这样的——在未经充分考虑的情况下迅速做出。

谋划行动决定

做决定永远比以后的行动要来得困难，所以在做决定的时候要多用脑子，不过也不能太花时间，更别一味担心怎么去做或做了之后会有什么后果。

从前，有一个父亲试图用金钱赎回在战争中被敌军俘虏的两个儿子。这个父亲愿意以自己的生命和一笔赎金来救儿子。但他被告知，只能以这种方式救回一个儿子，他必须选择救哪一个。这个慈爱的父亲，非常渴望救出自己的孩子，甚至不惜付出自己的生命为代价，但是在这个紧要关头，他无法决定救哪一个孩子、牺牲哪一个。这样，他一直处于两难选择的巨大痛苦中，结果他的两个儿子都被处决了。

智者说："果断决策的习惯对我们来说非常重要，以至于经常要准备冒险做出不成熟的判断或采取不利行动。对一个人来说，偶尔做出错误的决定，总比从不做决定要好。"

成千上万的人在竞争中溃败而归，仅仅是因为耽搁和延误。而数不胜数的成功者因为在关键时刻冒着巨大风险，迅速做出决定，而创造了财富。

快速决策和异常大胆使许多成功人士度过了危机和难关，而关键时刻的优柔寡断几乎只能带来灾难性后果。对于比较复杂的局面需要从各方面权衡和考虑，一旦打定主意，就不要怀疑，不要更改，甚至不留退路。

保持决定弹性

一旦你做好决定，可别死抱着一定的做法，那可能会害死你。经常有些人做好了决定，便死抱着自己认为是最好的做法，而听不进去其他的建议。在此切记，脑袋不要弄得太僵化，要学习怎样保持弹性，听听其他善意的建议。

实施决定行动

世界顶尖潜能大师安东尼·罗宾认为，是我们的决定而不是我们的遭遇，主宰着我们的人生。唯有真正的决定才能发挥改变人生的力量，这个力量任何时间都可支取，只要我们决定一定要去用它。

如果我们想脱离围墙的羁绊，我们就可以攀越过去，可以凿洞穿过去，可以挖地道过去或者找扇门走过去。不管一道墙立得多久，终究抵挡不住人们的决心和毅力，迟早是会倒的。人类的精神是难以压制的，只要有心想赢、有心想成功、有心去塑造人生、有心去掌握人生，就没有解决不了的问题、没有克服不了的难关、没有超越不了的障碍。当我们决定人生要自己来掌握，那么日后的发展就不再受困于我们的遭遇，而正视我们的决定时，我们的人生将因此改变，而我们也就有能力去掌握事物发展的规律，获得人生事业的成功，满足物质和精神需求。

自制打造卓越人生

自制是指一个人自觉地调节和控制自己行动的品质。自制力强的人，能够理智地对待周围发生的事件，有意识地控制自己的思想感情，约束自己的行为，成为驾驭现实的主人。

自觉地调节作用，表现为发动行动和制止行动两个方面。所谓发动行动是指激励和推动人们去从事达到预定目标所必需的行动。所谓制止行动是指抑制和阻止不符合预定目标的行动。这两者是对立统一的。

一个人在事业上的成功需要有坚强的自制力品质。

一个人在集中精力完成某项特殊任务时，在自制力的作用下，能排除干扰，抑制那些不必要的活动。

在自制力的调节下，能够帮助人选择正确的活动动机，调整行动目标和行动计划。

威尔在年轻时是一个有很多坏习惯的人——不能自制、易怒、极爱发脾气，但是他也极富青春活力，这种青春活力使他搞了许多恶作剧。在当地镇上，人们都知道他是一个喜欢惹是生非的人。他似乎迅速地滑向坏路，但就在此时，一种极其严格的信仰抑制了他的倔强性格，并使他的这种倔强性格屈从于某种铁的纪律。这样，就给他青春的活力和蓬勃的激情指明了一个崭新的方向，使他得以将其汹涌澎湃的青春激情投入到公共生活中去，并最终使他成为英国历史上极有影响的人物之一。

自制力强的人，能理智地控制自己的欲望，分清轻重缓急，然后再去满足那些社会要求和个人身心发展所必需的欲望，对不正当的欲望则坚决予以抛弃。

　　作家李准在报告文学《两个青年人的故事》中曾有过这样一段描述："杨乐到了北大数学系后，学习更努力了。他和张广厚每天学习演算 12 小时，他们没有过过星期天，没有过过节假日。'香山的红叶红了'，让它红吧，我们要演算。'中山公园的菊花展览漂亮极了'，让它漂亮吧，我们要学习。'十三陵发现了地下宫殿'，真不错，可是得占半天时间，割爱吧。'给你一张国际足球比赛的入场券'，真是机会难得，怎么办？牺牲了吧，还是看我们案头上的数学竞赛题吧！"杨乐、张广厚在强烈的学好数学的事业心的召唤下，一次次克制了游览的冲动，这为他们在数学领域中获得重大的成就创造了条件。

　　自制力强的人，处在危险和紧张状态时，不轻易为激情和冲动所支配，不意气用事，能够保持镇定，克制内心的恐惧和紧张，做到临危不惧、忙而不乱。

　　自制力强的人，在崇高理想的支配下，能够忍耐克己，为事业、为社会做出惊天动地的大事。邱少云在侦察敌情时，为了不暴露目标，忍受着烈火烧身的痛苦，直至英勇献身。这是高度自制力的光辉典范。

　　自制力薄弱的人遇事不冷静，不能控制激情和冲动；处理问题不顾后果、任性、冒失。这种人易被诱因干扰而动摇，或惊慌失措。

　　许多学者、军事家、政治家在指出自制力的重要性的同时，也指出易冲动、好急躁之危害。我国古代军事家孙子把易冲动、好急躁的指挥员用兵视为"用兵之灾"，列为覆军杀将的 5 种危险之一。毛泽东同志号召指战员要把"一切敌人的'挑战书'、旁人的'激将法',都要束之高阁,置之不理,丝毫也不为其所动","抗日将军们要有这样的坚定性,才算是勇敢而明智的将军,那些'一触即跳'的人们,是不足以语此的"。林则徐根据自己的生活阅历总结出脾气急躁、遇事容易发怒的人最容易把好事办坏。他为了克服在自己身上存在的急躁的坏脾气,亲自动笔书写"制怒"二字,挂在自己的书房里。以后无论走到哪里,都把这块横匾带到哪里。

可见,培养和锻炼自制力,克服自制力薄弱的弱点,对生活、工作是多么的重要。

坚忍不拔终获成功

清人郑板桥有诗云:"咬定青山不放松,立根原在破岩中。千磨万击还坚劲,任尔东西南北风。"天道酬勤,只有咬定青山不放松,才会有所收获。

天下事最难的不过 1/10,能做成的有 9/10。想成就大事业的人,尤其要有恒心来成就它,要以坚忍不拔的毅力、百折不挠的精神、排除纷繁复杂的耐性、坚贞不变的气质,作为涵养恒心的要素。

一个人之所以成功,不是上天赐给的,而是日积月累自我塑造的,千万不能存有侥幸的心理。幸运、成功永远只能属于辛劳的人,有恒心不易变动的人,能坚持到底的人。事业如此,德业亦如此。

"冰冻三尺，非一日之寒。"从这个自然现象中就能体现出恒心来，一日曝之，十日寒之；一日而作，十日所辍，成功的概率，几乎等于零。

　　希拉斯·菲尔德先生退休的时候已经积攒了一大笔钱，然而他突发奇想，想在大西洋的海底铺设一条连接欧洲和美国的电缆。随后，他就开始全身心地推动这项事业。前期基础性的工作包括建造一条 1600 千米长，从纽约到纽芬兰圣约翰的电报线路。纽芬兰 650 千米长的电报线路要从人迹罕至的森林中穿过，所以，要完成这项工作不仅包括建一条电报线路，还包括建同样长的一条公路。此外，还包括穿越布雷顿角全岛共 700 千米长的线路，再加上铺设跨越圣劳伦斯海峡的电缆，整个工程十分浩大。

　　菲尔德使尽浑身解数，总算从英国政府那里得到了资助。然而，他的方案在议会上遭到了强烈的反对，在上院仅以一票多数通过。随后，菲尔德的铺设工作就开始了。电缆一头搁在停泊于塞巴斯托波尔港的英国旗舰"阿伽门农"号上，另一头放在美国海军新造的豪华护卫舰"尼亚加拉"号上，不过，就在电缆铺设到 8 千米的时候，它突然被卷到了机器里面，被弄断了。

　　菲尔德不甘心，进行了第二次试验。试验中，在铺好 320 千米长的时候，电流突然中断了，船上的人们在甲板上焦急地踱来踱去，好像死神就要降临一样。就在菲尔德先生即将命令割断电缆、放弃这次试验时，电流突然又神奇地出现，一如它神奇地消失一样。夜间，船以每小时 6 千米的速度缓缓航行，电缆的铺设也以每小时 6 千米的速度进行。这时，轮船突然发生了一次严重倾斜，制动器紧急制动，不巧又割断了电缆。

　　菲尔德并不是一个容易放弃的人。他又订购了 1130 千米的电缆，而且还聘请了一个专家，请他设计一台更好的机器，以完成这么长的铺设任务。后来，英美两国的发明天才联手才把机器赶制出来。最终，两艘军舰在大西洋上会合了，电缆也接上了头；随后，两艘船继续航行，一艘驶向爱尔兰，另一艘驶向纽芬兰，结果它们都把电缆用完了。两船分开不到 5 千米，电缆又断开了；再次接上后，两船继续航行，到了相隔 13 千米的时候，电流又没有了。电缆第三次接上后，铺了 320 千米，在距离"阿伽门农"号 6 米处又断开了，两艘船最后不得不返回到爱尔兰海岸。

参与此事的很多人都泄了气，公众舆论也对此流露出怀疑的态度，投资者对这一项目没有了信心，不愿再投资。这时候，如果不是菲尔德先生，如果不是他百折不挠的精神、不是他天才的说服力，这一项目很可能就此放弃了。菲尔德继续为此日夜操劳，甚至到了废寝忘食的地步，他绝不甘心失败。

于是，第 3 次尝试又开始了，这次总算一切顺利，全部电缆铺设完毕，而没有任何中断，几条消息也通过这条漫长的海底电缆发送了出去，一切似乎就要大功告成了，但突然电流又中断了。

这时候，除了菲尔德和他的一两个朋友外，几乎没有人不感到绝望。但菲尔德仍然坚持不懈地努力，他最终又找到了投资人，开始了新的一次尝试。他们买来了质量更好的电缆，这次执行铺设任务的是"大东方"号，它缓缓驶向大洋，一路把电缆铺设下去。一切都很顺利，但最后在铺设横跨纽芬兰 970 千米电缆线路时，电缆突然又折断了，掉入了海底。他们打捞了几次，都没有成功。于是，这项工作就耽搁了下来，而且一搁就是一年。

好一个菲尔德，所有这一切困难都没有吓倒他。他又组建了一个新的公司，继续从事这项工作，而且制造出了一种性能远优于普通电缆的新型电缆。1866 年 7 月 13 日，新一次试验又开始了，并顺利接通、发出了第一份横跨大西洋的电报！电报内容是："7 月 27 日。我们晚上 9 点到达目的地，一切顺利。感谢上帝！电缆都铺好了，运行完全正常。希拉斯·菲尔德。"不久以后，原先那条落入海底的电缆又被打捞上来了，重新接上，一直连到纽芬兰。

　　菲尔德的成功证明了只要持之以恒，永不放弃，绝对会有意想不到的收获。

　　天道酬勤。凡事只要坚持到底、始终如一，就没有征服不了的困难，只要你兢兢业业、勤奋向前、坚持不懈，成功的道路上，便会有你的身影。

　　司马迁，从幼年时便开始漫游，走遍黄河、长江流域，为《史记》汇集了大量的社会素材、历史素材，奠定了我国历史巨著《史记》的基础；德国的伟大诗人、小说家和戏剧家歌德，前后花了 60 年的时间，搜集了大量的材料，写出了对世界文学界和思想界产生巨大影响的诗剧《浮士德》。

　　无论你做些什么，都要以汗水作为成功的代价。

　　人活着，就要有点坚持的精神。学业、事业上更是如此。不少青年人为自己怎么也学不出名堂找的借口是自己没天赋，或者认为学习不是自己的事，而是迫于老师的压力、家长的期望。这就大错特错了。虽然个人天分不同，但更重要的是后天因素，是努力，是坚持。坚持是一个你想到就能做到的动力源泉，它是无穷的，只要你想到，就会做到。美国钢铁大王安德鲁·卡内基对柯里商学院的毕业生做演讲时就告诫他们要时时提醒自己："我的位置在最高处。"当然，不是每个人都能做得一样好。但有很多挂在枝头的果子，你只有蹦起来，才能够到。我们还年轻，现在不努力做得最好，还等什么时候呢?

凡事只有不甘寂寞，真正脚踏实地去做，才能把理想落实为行动，把自己想象为一叶孤舟，看不到岸，只有一片汪洋。成功的果实是辛勤的汗水浇灌在寂寞的根上长成的。果实就意味着付出，意味着要吃苦。正如一句西方名言所说："天下没有免费的午餐"，机会也只留给有准备的人。

自强，不断地进取，养成坚定执着的个性，并用辛勤的汗水浇灌成功之花。做任何事情，只要有恒心，能够坚持不懈地奋斗就能成就大事。

伟大高贵的人物最明显的标志，就是他有坚定的意志，不管环境变化到何种地步，他的初衷与希望，仍然不会有丝毫的改变，而终至克服障碍，达到所企望的目的。

——爱默生

怀抱远大的雄心

奥里森·马登说："对每一个不甘平庸的人来说，养成每时每刻检视自己抱负的习惯并永远保持高昂的斗志非常重要。"要知道，一切的成功都取决于你的抱负。一旦它变得苍白无力，所有的生活标准都会随之降低。你必须让理想的灯塔永远燃烧，让那火焰的光芒照亮你前行的道路。

雄心是欲望与意志的统一

雄心不仅意味着向往某样东西，还有那种想实现头脑中的某些理想的深层欲望。要成功，就必须先有雄心。而要有雄心，必须先有渴望，因而任何能刺激人的心理渴望的事物都会激起雄心，并使人急于行动、急于成功。那么如何让自己产生出这种心理渴望呢？

心理学上有这样一条法则——要使心理渴望表现为雄心，就必须将理想呈现到头脑之中。只要看到、闻到、想到食物，胃部就会受到刺激，而分泌胃液。同理，只要看到、想到所需要的事物，这种心理渴望也会不由自主地产生。假若你对目前的生活很满意，不求过得更好，那主要是因为你不知道、没见过、没听过任何更好的，或者是你懒于思想，四体不勤。无知的原始人如果不知道有铁犁或其他农业工具，他就只会想着用削尖的木棒去耕地，而不会渴望使用别的工具。他只是继续用着前人的老办法，而不向往更好的工具。一旦他的生活中铁犁出现了，他必定会惊奇地看着这神奇的东西。要是他有眼光，他就会开始产生兴趣，看看它比他那粗糙的尖木棒到底好用多少。要是他还有进步意识，他便会开始希望自己也有一把这样奇特的新工具，而当他非常想要时，他就会开始体验到一种对这东西的新奇的心理渴望，这种渴望强烈到一定程度，就会萌发出雄心。

这是关键时刻。在这之前他感到的先于雄心出现之前的强烈渴望。但是现在雄心开始出现了，意志也就被激发起来。这就是雄心，由强烈欲望引起的强烈意志。

两者缺一，意志就无从谈起。缺乏意志的欲望不叫雄心。如果一个人只有很强的欲望，却没有强烈的意志与其积极合作，他的雄心便会"死于襁褓之中"。即使一个人有钢铁般的意志，若没有强烈的欲望去激活它，这意志也不能算作雄心。

要充分体现雄心，首先必须有热切的渴望，不仅仅是"向往"或"希望"，而是强烈的、不达目的不罢休的渴望；然后必须激起足够强烈的意志力来争取欲望之所需。这两个成分便组成了雄心的全部内容。

看看世界上那些在任何方面取得成功的人士，你会发现他们都有强烈的雄心。他们有强烈的欲望，而那坚定的意志则不会让欲望的满足受到任何干扰。研究一下恺撒、拿破仑、现代各国首脑、20世纪的工业巨头们的生平，你便会发现他们心中都熊熊地燃烧着强烈的雄心。

北宋诗人苏东坡说："古之立大事者，不唯有超世之才，亦有坚忍不拔之志。"

明代学者王阳明说："志不立，天下无可成之事。"

北宋的范仲淹，自幼立下了"以国家为己任"的远大目标，身负宰相重任以后，锐意革除时弊，励精图治，成了一位有名望的政治家、军事家和文学家。

北宋民族英雄岳飞，在金兵入侵的战乱年代里，树立了"还我河山"的雄心壮志，一生征战，死而后已。

用远大目标激发自身潜能

目标远大，才会激发潜能。

我们都有这样的体会，参加5千米越野，跑到三四千米处时，会因松懈而感到十分疲劳，因为快到终点了。但如果参加10千米越野，那么，跑到三四千米处正是斗志昂扬之时。

歌德说："就最高目标本身来说，即使没有达到，也比那完全达到了的较低目标要更有价值。"

一个人活着如果胸无大志，游戏人生，就容易堕落。

一块手表可能有最精致的指针，可能镶嵌了最昂贵的宝石，然而，如果它缺少发条的话，它仍然一无用处。同样，人也是如此，不管你受过多么高的教育，也不管你的身体是多么健壮，如果没有远大志向的话，那么你其他的条件无论是多么优秀，都没有任何意义。

生活中常常有这样一种人，他们在很小的时候就已才思敏捷，聪慧超常。然而他们却在今后的日子里日渐平庸，终生碌碌无为。

造成这一现象的原因就在于，在他们身上没有前进的动力，没有远大的抱负，没有高昂的斗志。

雄心抱负通常在你很小的时候就初露锋芒。如果你不注意仔细倾听它的声音，如果它在你身上潜伏很多年之后一直没有得到任何激励与释放，它就会逐渐暗淡，直至最后隐没、无踪。原因很简单，就跟许多其他没被使用的物品的品质或功能一样，当它们被弃置不用时，也就不可避免的趋于退化或消失了。

自然界有一条定律，只有那些被经常使用的东西，才能不断进化并保持长久的生命力。一旦你停止使用你的肌肉、大脑或某种能力，退化就自然而然地发生了，而你原先身体里所具有的能量也就在不知不觉中离开了你。

一个人如果不去注意倾听心灵深处"努力向上"的呼声，如果你不给自己的抱负时时鼓劲加油，如果你不通过实践对其进行有效的强化，那么，它很快就会枯萎、隐匿。

在现实生活中，这种到最后抱负消亡、理想尽失的人数不胜数。尽管他们的外表看来与常人无异，但实际上曾经一度在他们的心灵深处燃烧的热情之火已经熄灭了，代替它的是无边无际的黑暗。

如果说在这个世界上存在着一些可怜的、卑微的人的话，那么毫无疑问，那些抱负消亡的人是属于其中的一类。他们一再地否定和压制内心深处要求前进和奋发的呐喊，由于缺乏足够的燃料，他们身上的意志之火已经熄灭了。

对于任何人来说，不管你现在的处境是多么恶劣，或者先天的条件是多么糟糕，只要你保持了高昂的雄心，你对人生的热情就会永远像熊熊的大火，照亮你一生的希望。但是，一个人要是颓废消极，你所有的锋芒和锐气也就会消失殆尽。

明智地选择战斗

卡尔森曾忠告美国年轻人：明智地选择你的战斗。要想获得成功，这句话十分重要。在人的一生中充满了机会，每个人都可以选择小题大做，也可以一笑置之，甚至不必在意。但是你明智地选择你的战斗，在真正关键的时候，赢的机会就会很大。

生活中总是充满了各种各样不尽如人意的事情，于是，有人便开始和这些小麻烦较劲，结果只能是小题大做徒耗精力。

如果你的首要目标不是凡事都要尽善尽美，而是过没有压力的生活，你就会发现，大部分的战斗都会将你拉离平静的感觉。向另一半证明你是对的，别人是错的，真的有那么重要吗？只因为别人似乎犯了一个小错，你就必须跟别人起冲突吗？仅仅为了你偏爱的明星或电影，真的值得你大吵一架吗？

这些以及成千上万件小事，就是许多人一生吵吵闹闹的理由。想想你自己的所作所为，如果它跟上面所说的类似，你只会越来越浮躁、庸俗。

如果你想要你的人生充满快乐与成功，那么就该树立远大的抱负。当你明白要把精力放在哪里最恰当时，成功离你已经不太远了。

逆境是强者的试金石

逆境是不顺利的境遇，或者说是一种与你的理想相背离的生存环境。人生的逆境，因为人们所处的时代、地域、家庭和身体状况等的不同而各不相同。

概括地说，逆境主要包括生活的苦难、事业的失败、前进的障碍、肢体的疾病等。

"若将人生比世路，人生更多千万坎。"人生之路不总是笔直平坦的，在人的一生中经常会碰到曲折坎坷。所以，逆境与人生总是如影随形。

对于人生的逆境，许多人把它视为人生的耻辱而羞于提及，但当我们将观察的视角稍作调整后，便会发现逆境同样也孕育着希望。

纵观人类历史上的伟人和杰出人物，他们中的相当一部分人曾经有过艰辛的童年生活，甚至还备受命运的虐待，但强者总是善于找到生命的支点。他们及时调整自己的心态，坚忍地承受着生活的艰辛，在一贫如洗的岁月里安然走过，并用恒久的努力打破了重重围困，在脱离了贫穷困苦的同时也脱离了平凡，造就了卓越与伟大。

是的，只要上帝赐予了我们健全的大脑和身体，再加上一个坚定不移的目标，那么任何人都不必悲观绝望，不管你是如何的穷困潦倒。对那些生活在这片土地上，善于抓住和捕获每一个机会的年轻人来说，财富之门和成功之门是永远向他们敞开的。重要的并不在于你是出生在阮脏阴暗的贫民窟，还是出生于金碧辉煌的豪华住所中，只要你有向上的愿望，有探索的精神和不屈的意志，有不达目的誓不罢休的决心，那么，任何东西都无法阻挡你奋勇前进的步伐。

1970年的夏天，一场突如其来的高烧使刚满5岁的孙振玉患了脊髓灰质炎(即俗称的小儿麻痹症)，这就注定了在此后漫长的岁月里，他只能拄着双拐艰难地行走了。

8岁，孙振玉上学了。上学第一天，父亲背着他走进小学的大门。坐在父亲给他做的带轮木制小推车里，孙振玉成了教室内一个与众不同的学生。为了不在学校大小便，他尽可能忍着少喝水，嘴唇整天都是干的。尽管病情常常恶化，尽管腿上的肌肉经常一个洞一个洞地腐烂，但丝毫没有消磨他对学习的兴趣，孙振玉以相当优异的成绩小学毕业了。但由于两条残疾的腿，他报考的重点中学没有录取他。

1979年，孙振玉心痛地离开了心爱的学校。当时，父亲给他准备了一副修鞋用的工具，说你又没什么手艺，等父母老了不能养活你，你就修鞋自己养活自己吧！

离开小学，孙振玉开始自学，可是这时病痛牵扯了他更多的精力，我们可想而知，他要为此付出多大的努力！1980年，孙振玉接母亲的班，来到滕州市中医院上班。孙振玉很欣赏爱因斯坦的一句话："一个人不一定非要成为一个成功的人，但他首先要成为一个有价值的人。"他觉得，社会和别人怎么看待你，主要取决于自己，如果你自暴自弃、不思进取，那你就永远只能成为生活的弱者、社会多余的人。工作后，孙振玉仍没有放弃自学。下班后他又上夜校，在很短的时间里补习完了初中、高中6年的课程。

1985 年从滕州电大专科毕业后，孙振玉报考了高教自考的汉语言文学专业，为了不耽误上课，孙振玉要提前一个多小时出家门，到学校后，再一个台阶一个台阶地爬上楼，有时必须手脚并用才行。时间长了，膝盖、胳膊肘处和地面经常接触的地方，衣服磨出了窟窿，里面的皮肤磨出了血，后来竟长成了茧子。1988 年、1993 年他先后拿到自考专、本科学历。

　　拿到了自考本科毕业证书的孙振玉，并没有满足于这个成绩，又有了考研的念头。1996 年，他向山东大学提出了在职人员攻读硕士学位的申请。

　　高等学府的大门向孙振玉敞开了。由于脊柱侧弯，他不能像别的同学那样经常坐着，而是趴、躺在床上看书，或跪在垫子上学习，下肢神经的疼痛也经常折磨得他难以忍受。每天他要提前 40 多分钟往教室赶，因为教室离宿舍很远，还要爬好几层楼梯，可孙振玉从没缺过一堂课。凭着顽强的毅力，孙振玉"啃"下一本又一本专业书籍，许多课程还达到了优秀。2000 年 6 月，孙振玉获得了文学硕士学位证书。

　　毕业后，孙振玉又为自己树立了新的奋斗目标：考博士。2001 年夏天，孙振玉如愿以偿地被中国人民大学中文系录取了。

　　通过顽强抗争，孙振玉终于"扼紧了命运的咽喉"，他架着双拐，奏出了自己的生命最强音！

　　对于人生来说，逆境就像一块试金石，弱者会在逆境面前一蹶不振，而强者却奋起拼搏，最终在逆境中迸发出强大的生命力，成就常人所不能成就的辉煌。

　　逆境会给人以打击，带来痛苦和损失，但也能使人奋起、成熟，从中得到锻炼。所以说，"自古雄才多磨难，从来纨绔少伟男"。

明代哲学家洪应明曾说："横逆困苦是锻炼豪杰的熔炉，能受其锻炼则身心交益，不受其锻炼则身心交损。"

大文豪巴尔扎克也说："世界上的事情永远不是绝对的，结果完全因人而异。苦难对于天才是一块垫脚石，对于能干的人是一笔财富，对弱者是一个万丈深渊。"

经受苦难者未必都能成功，弱者在苦难的煎熬中往往会一蹶不振，屈从于命运。然而，意志坚强者却在其中百炼成钢，终成大器。

当生活的重担压得我们喘不过气，挫折、困难堵住了四面八方的通口，我们内心就像被人注入一剂强心针，此时往往能发挥出意想不到的潜能，从而杀出重围，开辟出一条活路来。

而在耽于安逸，贪图享乐或是志得意满，维持功名的时候，反倒容易阴沟里翻船，弄得一败涂地，不可收拾！

磨砺意志，披荆斩棘

遇到挫折时，不同的人会有不同的表现。有人把西瓜大的困难看成芝麻般微小，有人把芝麻般小的挫折看成西瓜那样巨大，这就是意志强弱不同的人对待挫折的不同态度。其实，挫折如弹簧，你硬它就软，你软它就硬。意志顽强的人面对沉重的压力、巨大的挫折，会坦然处之，笑傲人世；意志薄弱的人面对微弱的压力、稍不如意的境遇，便会垂头丧气，一蹶不振。因此要催开成功之花，我们必须培养和磨炼顽强的意志。

虽有人说看花容易绣花难，若用意志绣花可能花会更美。

伟大与挫折常一同而来，所受的挫折越大，他的成就也就越大，成功率也就越高。所以说挫折是伟大的主人。

要实现人生目标不经历磨难是不可能的，唐僧西天取经，历经九九八十一难才修得正果。人生未尝不是如此。

挫折，是磨炼人格、意志的最高学府；人们在战胜一分挫折的同时，也获得了一分智力，所以，当人们遇到困难，就要恬淡、冷静地对待它，这样就能心安、镇静。

遇到困难，就勇猛地克服它，这样才能愈战愈勇。古代的哲人说：忧虑患难就能振兴国家，贪图安逸享乐就会身遭灭亡。克服困难与冲破危险，可以说是人的第一美德。伟大的成功，来自于困难，没有经受困难的人生，自然会落于渺小而又平庸。孟子说过：上天要把重任施降给这个人时，必定先使他的心志受到磨炼，使他的筋骨劳累，使他的肌体饥饿，使他的身世穷困，使他的行动与作为受到挫折。这样的确可以使人内心受到锻炼并使其性情坚忍，增加他难以达到的能力。

所以说："玉不琢不成器，人不苦不成人。"在困难面前，你绝不能俯首帖耳，屈服于它，只有把它踩在你的脚下，你才是胜利者、成功者。

你如果不能忍受奋斗的困苦，那么在你一生之中，只能对他人顶礼膜拜、打躬作揖。这样，何处去寻找你的安逸与快乐、幸福与和平呢？人生的戏场上，不管你所扮演的是什么角色，你能不能成功，坚持奋斗下去，你成功的希望就会更大。

孟子认为："自暴的人，不必与他交谈。自弃的人，不必与他同事。"对于自暴自弃的自杀心理，我们要谨慎地防范它，就像动物防备天敌一样。我们知道，在古今中外的历史上，许多伟大人物，都是从艰难困苦中甚至危险中奋斗过来的。拿破仑、华盛顿、甘地等人，无不经历千难万险。汉高祖刘邦以前只是一个小小的亭长，明太祖朱元璋也只是一个庙里的小和尚。再从中国上古来看，舜曾是一个庄稼汉，傅说曾是一个建筑工，胶鬲曾是一个商贩，管仲曾是士人，孙叔敖曾是渔民，百里奚则是秦穆公用五张羊皮换来的。

困难可以诱发人们生命中的坚韧潜力，危险可以开启生命中的勇敢潜力，这两者都能引发出生命的光芒。而困难越多，危险越大，发出的生命光芒也越璀璨。

中国辛亥革命的成功，就是孙中山先生以大无畏的精神，不屈不挠，艰苦奋斗的结果。法国革命经历了长达80年的战斗，几千万生命的死亡，大量财产的损失，才取得成功。而美国的独立战争，也是经过8年的奋战才取得成功。

一个伟大的人物与一件伟大的事业，都要经受多次磨难、屈辱与失败。以必死的心情，在危难中奋斗，冲破艰辛危险的难关，忍耐劳苦，出生入死，不畏惧任何肉体上的痛苦与精神上的摧残，以最大的毅力，最大的魄力，最大的胆力，勇往直前，不达目的誓不罢休。你也应这样，想要成功必须正确面对困难，克服困难，方能建立起自己的事业帝国。

既然挫折是难免的，那么我们究竟该怎样做，才能战胜挫折这一意志力的敌人呢？

（1）要坚定目标，不轻言放弃。每个人都有自己的奋斗目标，只要这个目标是现实的，那么即使暂时遭遇了挫折，也应找出排除障碍的办法，毫不动摇地朝既定的目标迈进，最终实现自己的愿望，达到预定的目标。许多科学家的发现和发明就是他们经历多次挫折后，仍坚持不懈而最终得以成功的。

马克思在写《资本论》期间，面对各种诬蔑、攻击和迫害，饱尝长期流亡和贫困生活的痛苦，经受种种疾病的折磨，就像他所说的"我一直徘徊在坟墓的边缘"，但他始终没有丝毫的动摇，凭着"必须把我能够工作的每一分钟来完成我为之牺牲了健康、人生幸福和家庭的著作"的这种精神，马克思最终战胜了挫折，取得了成功。

认准目标，勇往直前，是一切成功者的经验。人生路上，难免有坎坷，难免遍布荆棘，是知难而退，还是迎难而上，这道题的不同答案也就决出了强者和懦夫。

（2）降低目标，改变行为。当一种动机经反复尝试仍不能成功，达不到预定目标时，就应该果敢地调整目标，变换方式，通过别的方法和途径实现目标，或者把原来制定的太高而不切实际的目标往下调整，改变行为方向，只有这样才有可能成功。如许多高中生，多次考大学未能如愿，他见障碍难以逾越，就"退而求其次"，改为报考中专、技校，或是电大、职工大学，来实现自己的目标。这种目标的重新审定和转移，不是惧怕挫折，而是实事求是的表现；同时，也降低和避免了由于目标不当难以达成而可能产生的挫折和焦虑情绪。

在生活中，有很多人宁可在一棵树上吊死，也不肯降低目标。虽然他们目标坚定，但却只能称作"盲目追求"。

（3）改换目标，取而代之。当个体确定的目标由于自身条件或社会因素的限制，不能实现并受到挫折时，可以用另一目标来代替，改变目标，以此实现自己的目标；或通过另一种活动来弥补心理的创伤，驱散由于挫折而造成的忧愁和痛苦，增强前进的信心和勇气。

例如，著名京剧演员周信芳，原来演小生时，嗓子有些沙哑，虽然苦练仍无济于事，于是他转而演老生。这一行当的改换，使他得以充分地避短扬长，创立起了自己独特的唱腔艺术风格，开创了"麒派"，成为我国优秀的表演艺术家。

有些人对待问题，脱离了实际，认准了"一条道儿走到底，不到黄河心不死"，从不顾及客观情况，只是单一地以不变应万变，那也只能是作茧自缚，从而不可避免会遇到挫折。而有一些人在突然的、意外的重大挫折面前，由于原定的追求目标已不可能实现，为了用其他行动来转移、代替心理上的痛苦，就会转而追求别的目标或是进行其他活动。这也可以获得新的成功，得到心理上的补偿。

如果你能在日常生活中真正运用这3种方法来面对挫折，那么你就能很轻松地战胜它了。

打破失败的禁锢

提到失败，很多人认为是消极的。但拿破仑·希尔给"失败"赋予了一个新的意义，他说："我们必须要弄明白'失败'与'暂时挫折'之间的差别，因为，那些经常被我们视为'失败'的事在实际上只不过是'暂时性的挫折'。而这种暂时性的挫折实际上就是一种幸福，因为它会阻止我们向不正确的方向发展，从而让我们选择新的努力方向，使我们向着不同的但更美好的方向前进。"

成功者都相信，"失败"是大自然的计划，它用这些"失败"来考验人类，使他们能够获得充分的准备，以便进行他们的工作。"失败"是大自然对人类的严格考验，它借此烧掉人们心中的残渣，使人类这块"金属"因此而变得纯净，变得坚硬。

经过大自然的洗礼，成功总是属于那些意志坚强、备尝艰辛、异常顽强的人们！人们在对成功者头上的光环顶礼膜拜的同时，不禁悄悄地哀叹："成功者如此之少。什么时候，成功之神才能对自己特殊关照几分呢？"就这样，在自艾自怨的消极心态中，他们错过了一次又一次成功的机会。

失败是一个过程，而非一个结果；是一个阶段，而非全部。正在经历失败，是一个"尚在经受考验"的过程。

失败并不可怕，可怕的是对失败抱持消极的态度，从此丧失斗志。当失败不期而至时，令人震惊、恐慌。恐慌使人失措，失措则乱中添乱，如雪上加霜，结果只能走向更大的失败。

心理学家曾做过这样一个实验：他们把一个铁笼子一分为二，把一些狗赶进笼子的一边，在另一边的笼子底下通电，受到电击的疼痛，狗会很快跳到笼子另一边，而当另一边受到电击时，这些狗又会轻松地跳回来。然而，还是这只笼子，再放同样一批狗，通电后，这批狗却不做任何挣扎，只会浑身发抖，低声哀鸣。原来心理学家曾把后一批狗拴在铁柱上，进行电击刺激，开始时狗受到电击会挣扎、跳跃。但是，由于挣扎、跳跃摆脱不了电击的折磨，几天之后，这些狗再受到电击时，就自动放弃了努力，连轻轻一跳就能摆脱电击刺痛的努力也不做了。它们习惯了挫败，听天由命，再也不做任何努力了。

这个实验说明了一个道理：连续的挫败，可能会使人自认失败，听天由命，不去抗争。

所谓失败，其实就是自己的一种感觉，是在走向成功的路途中，由于行动受阻而产生的悲观失望。在客观世界中，没有失败，失败仅仅存在于失败者的心中。

如果有人把失败看成是一场灾害，那他就有可能被毁灭。因为失败在心理和精神上击败了他，使他从此一蹶不振。古人云："哀莫大于心死。"如果一个人精神上被失败压垮，那他才真正成了无药可救的失败者。

分析许多人失败的原因，不是因为天时不利，也不是因为能力不济，而是因为心虚，自己成为自己成功的最大障碍。他们之所以不去做或做不成某些事，不是因为他们没这个能力，也不是客观条件限制，而是他们内心的消极态度限制了他们，是他们自己打败了自己。

有的人缺乏自尊感，总觉得自己这也不是，那也不行，对自己的家境、能力、外表不能自我接受，时常在人面前感到自卑、尴尬，一味地顺从他人，事情不成功总觉得自己笨，自我责备，自我嫌弃。有的人缺乏安全感，疑心太重，总觉得别人在背后指责和议论自己，对他人的各种行为充满了戒备心，容易产生嫉妒。有的人缺乏自信心，怀疑自己的能力，内心中的自我是一个可怜的、脆弱的、需要别人帮助的弱小形象。有的人缺乏胜任感，不相信自己也能创造、发明，工作中缺乏担重任的气魄，甘心当配角，生活中常常被别人的意见所支配，无论职业角色还是家庭角色都显得难以胜任。这样的人，他们真正的敌人正是他们自己。

一个人究竟是成功者还是失败者，并不在于他是否一时一事取得了成功或遭到了失败，而在于他如何对待成功和失败，在于他对于失败抱的是积极的还是消极的态度。

你要相信自己也能创造奇迹，成就事业。这就是自信。自信会帮助你实现自己的愿望。退一步讲，即使因客观原因你没有实现自己的愿望，但你也可以自豪地说："我失败了，但虽败犹荣。我没有亏待我的生命，我体现了我的价值。"

不进取就会被淘汰

当我们被不可动摇的进取心所驱使时，我们就会分享到它不断向前所带来的力量。那么，我们为什么没有看到山顶上众多的攀登者与山脚下的未参与者之间的不同呢？我们可以考察不同类型的成功者，他们的追求分别以不同的形式表现出来。在他们的生活中，他们具有不同层次的成大事者观和快乐观，有的喜欢这样的成大事者，有的喜欢那样的成大事者，这如同他们对不同的欢乐的态度一样。我们在日常生活中已经遇到了这些人，他们是那样容易被发现，可以说，存在于我们整个人生的旅途中。他们就在我们的周围，在我们的人际关系里，在我们的组织机构里，甚至在新闻广播中。

有大量的人选择放弃、逃避、退却。他们忽视、掩盖并且抛弃往上爬，这样他们就失去了这一力量的引导，同时也失去了生命向他们提供的许多东西。他们都是放弃进取心的人。放弃者的典型特征就是放弃攀登，他们拒绝山峰为他们提供的机会。

最令人惋惜的就是半途而废者。他们由于不想继续攀登（甚至害怕），所以就结束了"往上爬"的进取心，并为自己寻找了一个舒适的、让人满意的高处，以逃避逆境。这些人不同于放弃者，也不同于攀登者，他们走到一定的程度就会停下来，并说："这是我能（或我想）到达的地方。"

半途而废者不同于放弃者，他们至少承担了"往上爬"的挑战，他们多少有所收获。他们的旅程可能是挺容易的，也可能充满艰辛，有时候他们为了得到所希望得到的东西，还会努力地工作甚至牺牲许多东西。半途而废者的"往上爬"是不完整的，更是不彻底的，我们也正是根据这一点来定义进取心的，它是一个人自我改善以及其生命扩展的整体标志。但一些人可能也会把"成功者"这个词加在他们的头上。这仅仅是那些把成功者视为达到一个特定目的地的人所说的成功者。这些人总有一个普遍的误解，他们没有看到整个的旅途，而只看到旅途中的某一点，他们的目的是达到这一点，而不是在旅途中继续努力往上爬。所以，半途而废者虽然可能实现了他的个人理想，但是，由于他放弃了继续往上爬的进取心，所以他仍是不成功的。

而只有进取心才会促使我们改变现状，只有不满足的激情才会激励我们去追求完美。这也是人类进步的奥秘。生活中最令人泄气的事情莫过于看到这样的情形：一些雄心勃勃的人满怀希望地出发，却在半路上停了下来，满足于现有的温饱和生存状态，然后庸庸碌碌地度过余生。对于一个满足现状的人来说，他没有任何更好的想法、更美的愿望，他不知道是不满足造就了人类伟大的精英。

实际上，只要进取的愿望足够有力，在你更为积极的努力下，都可以把目前已经满意的事情做得更好，会取得更大的成功。

满足于已取得的成绩不仅会使人停滞不前，丧失进取心，而且还可能酿成悲剧。法捷耶夫29岁时就名震"苏联"文坛，并以《青年近卫军》一书，坐上了苏联作协主席的交椅。然而，在他后来的岁月里，他忙着出访、开会、做报告去了，一生中再也没有写出一部作品。

杰克·伦敦也是一个典型，他写出了《马丁·伊登》后，声名鹊起，财源滚滚，不仅在美国加利福尼亚州建起了别墅，而且在大西洋海滨购置了豪华游艇。然而功成名就之后，他就一度沉浸在享受之中，不思进取，长期脱离创作，厌倦、空虚、落寞和无聊也接踵而至，最后，导致他精神失常。1916年，他在自己的大别墅里开枪自杀，结束了自己的生命。

《中国教育报》曾在同一版面刊登如下两则新闻：一则是上海交大取消两名本科生"直升"研究生的资格；另一则是南航学生郑穗江成绩优异，提前免试攻读硕士学位。

为什么会有这样截然相反的两种结局？主要是因为郑穗江同学不断进取，在被确定为免试攻读硕士学位后，还设计了相当于三四个毕业设计的研究课题；而上海交大那两名本科生，10月份被批准作为优秀毕业生，免试直接攻读硕士学位后，就认为自己的未来有了保障，于是丧失了进取心，结果期末考试均有两门课不及格。

突破现状、不断进取是事业成功的必备条件，也是时代的必然要求。美国公司的主管在录用新职员时都说："你要不断进取、发挥才能，否则你将被淘汰。"竞争激烈的现代社会对职员的要求就是这样。

洪秀全出生于清朝末期，由于政治腐败，他在科考场上屡屡失意，之后他发动了太平天国农民革命。1851年11月1日，他在金田举起旗帜起义，继而挥师出桂，攻长沙，破武昌，下九江；1853年3月29日攻进南京城，定都为天京，这其中不过一年半的时间。这时的洪秀全是一个典型的进取者、成功者。其军事胜利史极其辉煌，进取气势也可谓锐不可当。

可是，到了南京后，洪秀全渐渐地变了，他心中只有一座天京皇城，不再有明确的进取心了。在生活上日益腐化，大兴土木建宫殿，年年生日挑选美女入宫，供他享受。在军政上，正确的决策不多，且压制明智与锐意进取的部下。甚至在一次朝会上，在石达开恳请"天王不要耽于半壁江山"时，洪秀全竟然回答："贤弟，我们能有这半壁江山，难道还不满足吗！"

就这样，洪秀全安于享乐、不思进取，既不能团结诸王，同心同德开创大业，又无远大的目标，致命地打击清王朝。于是，兵败身亡，太平天国灭亡的悲剧也就不可避免了。

进取精神对于人生事业，不仅在于创造未来，也因为有了未来，过去与现在的成功也才能得到真正的保护！

那些将自己整个生命都献给"往上爬"的人才是真正的有进取心的人。无论背景如何、优势或劣势、好运或坏运，他们都会永葆进取心，攀登者是可能性的思想家，他们从不去顾及年龄、性别、种族、身体或精神的残疾以及"往上爬"的途中可能遇到的其他困难。他们的宗旨就是不断进取，因为他们彻底达到了人所拥有的内在的那种驱动力，并且能够激活那种力量。

联系实际来说，无论你在什么行业，无论你有什么样的技能，你都应该争取在这一领域处于领先的位置。永葆进取心、追求卓越永远是人类进步的不竭动力。它不仅促使每一个努力完善自己的人在未来不断地创造奇迹，而且造就了成大事者和杰出的人士。

巴西著名足球明星贝利在足坛上初露锋芒时，记者在采访时问他："你哪一个球踢得最好？"他回答说："下一个！"而当他在足坛上大红大紫，成为世界著名球王，踢进1000个球以后，记者又问他同样的问题时，他仍然回答："下一个！"在事业上大凡有所建树的人都同贝利一样有着永不满足、不断进取的精神。

人生的价值在于不断进取，在这方面无数成功者为我们树立了光辉的典范。马克思曾说过："任何时候我也不会满足，越是多读书，就越深刻地感到不满足，就越感到自己知识贫乏。科学是奥妙无穷的。"

你想取得成功吗？如果答案是肯定的，那么，没有什么比你的进取心更重要了，这种态度包括你对自己的评价和你对未来的期望。你必须高屋建瓴地看待自己，否则，你就永远只是一个小职员。你必须幻想自己能拥有更高的职位，以督促自己努力得到它；否则，你永远也得不到。如果你的态度是消极而狭隘的，那么，与之对应的就是平庸的人生。不要怀疑自己有实现目标的能力，否则，就会削弱自己的决心。只要你憧憬着未来，就有一种动力驱使你勇往直前。

如果你不好好地利用机会向上爬，你一定会抱怨运气不佳。而且，你往往还会感到奇怪，为什么比利或者约翰这样的人升迁这么快。记住，如果你有足够的进取心并付之于坚韧的努力，你就一定会成为成大事者。如果你没有这样的进取心，那么，你也许会看到那些条件不如你但有着更大进取心的人走到你前面去了。

爱因斯坦说："我对于那些刚刚走上社会的年轻人的建议是，开始时就要有坚定的进取心和明确的目标，除非业已实现，否则绝不要轻易放弃。"

当缺乏内在动力的时候，我们不会自觉地做任何事情。一个人的成长在很大程度上都依赖于对未来目标的追求所带来的激励，可以说，人的每一次行动都需要一定的激励。而对一个普通人来说，生命中最大的推动力往往取决于他们为了实现目标而带来的进取心。

进取心这种内在的推动力是我们生命中最神奇和最有趣的东西。所有来自社会底层的成大事者都有着相似的经历，他们在自己前进的道路上都受到内心力量的有力牵引，几乎无法抗拒，这就是进取心所带来的力量。

对于北极的幻想使探险家罗伯特·皮里树立了征服地球极点的目标；进取的力量将亚伯拉罕·林肯从小木屋推向了白宫；同样，坚定的进取心使得年轻的本杰明·迪斯雷利从英国的下层社会奋斗到上层社会，直到最后成为一国的首相，这一成就的取得当然源于坚定的进取心和明确的目标。

进取心存在于每个人身上，就像自我保护的本能一样明显。在这种求胜的本能的驱使下，我们走进了人生的赛场。最后请你牢记：进取的力量在于，它能使你从弱者变成强者！

从事任何事情都可以锻炼意志。通过意志力的作用，我们能够把特殊的事件推广成普遍，把事情的复杂内容简化，使它直观明了。使所有的实际情况符合自己的个性特征，行动的时候就可以轻松自如、从容不迫。

意志力激发潜能

要想使水变成蒸气，在一个标准大气压的条件下，必须把水烧到100℃。水只有在沸腾后，才能变成蒸气，产生推动力，才能开动火车。"温热"的水是不能推动任何东西的。

可是在现实生活中，许多人却想用温热的水或半沸的水，去推动他们生命的火车，他们不反省自己为什么不能成功，却诧异自己在事业上为什么总是默默无闻、不能出人头地。

他们不知道一个人对待生命的温热态度，对于他自己的事业或工作所产生的影响，与温热的水对于火车所产生的影响相同。

一个伟大而有价值的生命，它一定是怀着可以主宰、统治、调遣其他一切意志念头的中心意志。没有这种中心意志，人的"能量之水"是不会达到沸点的，生命的火车同样也是不能向前跃进的。

尽管我们每个人都想做一件事，希望成就一件事，但真能成功的，却只有那些怀着中心意志或意志坚强的人。只有那些积极的、有建设与创造本领的人，才可能产生强有力的中心意志。

只要你怀着一种披荆斩棘、破釜沉舟、不惜任何代价、无论做出多大牺牲都要达到目标的坚强意志，你就会从中产生巨大的能量。

有坚强的中心意志的人，他一定能在社会上找到其重要的地位，为他人所敬仰。他的言语行动都表现出他是一个有主见、有作为、有生命目标的人。他朝着目标前进，犹如箭头射向靶心。拥有这样坚强的中心意志，一切的阻碍都将不存在了。

坚定的意志、远大的目标，是护卫青年人生命旅程的有力武器，它能使青年人免去种种试探与引诱，而不至堕落到罪恶的深渊中去。

当你看到一个青年人毅然决然地去进行他的计划，而丝毫不存"假使""或者""然而""并且"等模棱两可而不肯定的念头时，你就可以大胆地断定，他是个勇敢者，他会成功的。

认清目标、坚定意志，可以使人从中产生一种成功的力量来，可以使人燃烧整个的生命，让生命能量达到最高的"沸点"。

假使一个人在心中产生了一个新的中心意志，新的生命目标，从那一天起，他的生命已经过了一次洗礼，他的耳目所接触的四周就都已气象一新。昨天还在包围、阻碍他的种种恐惧、怀疑、不快与罪恶，在新的中心意志与生命目标面前就会烟消云散。他一切酣睡着的能量，也必将被唤醒而准备投入战斗了。因为一个新的中心意志，已经把那些东西全部赶走。他的生命也将是统一而不是混乱，是积极而不是消极，是美而不是丑的了。

人生在世，有一件事是必须要去做的，那就是努力去追求并努力去实现所有的理想。在这种努力中，有我们"自我表现""本领竞赛"的机会。这种努力是我们将生命能量发挥到最好、最完满的境界的大好机会。

假使一个人在一生中没有一个中心意志，没有一个最高目标，也不想去执行那个意志，达到那个目标，那他的生命历程可以算是一种失败。

要做大事必先集中精神。而这种精神的集中，只有在你怀着一个中心意志或崇高的生命目标时才能办到。我们对于那些不感兴趣、缺乏热情的事情是不会集中精神的，因而也就无法完全释放自己的生命能量了。

有些青年人很想在事业上发奋前进，但是由于一些微不足道的缘故，他们往往会在一夜之间抛弃事业，他们常常怀疑他们现在所从事的事业是否能够完全发挥自己的潜能。他们一遇挫折就灰心丧气，一听到别人在事业上取得了成功，就很羡慕，也想在那方面去试一试。

假如一个青年对于他所从事的事业游移不定，那么我们可以断定，他一定还没有怀着一个中心意志，没有让生命能量达到"沸点"的决心。相反，一旦他的事业既与他的中心意志相符，又能充分发挥他的生命能量，使他的事业成为他生命中不可分离的一部分，那么他将无法离开他的事业。到了这种境地，他哪有不成功的道理呢！

意志力促进智力发展

在人的整体心理素质结构体系中，意志居于怎样的地位，对其他心理素质的发展有怎样的作用？

我们知道，人的心理过程分认知、情感、意志3个相互联系的方面，个性心理不过是这3个方面在个体身上的不同表现而已。也就是说，人的心理世界就是相互联系的认知的、情感的、意志的3个范畴。因此，关于意志对其他心理素质发展的作用，其实也就是意志在认知发展和情感发展中的作用。

现在，就先来看看意志对认知发展的功能。所谓意志对认知发展的功能，也可以说就是意志对智商发展的功能。

所以，我们有必要先来了解一下智商。

智商的概念是由德国心理学家施特恩首先提出来的。

智商也叫智力商数，常用 IQ 表示。智商是根据一种智力测验的作业成绩所计算出的分数，它代表了个体的智力年龄(MA) 与实际年龄（CA）的关系。计算智商的公式为：

智商(IQ)=〔智龄（MA）÷（CA）实龄〕×100

按照这个公式，如果一个8岁的儿童的智龄与他的实际年龄相同，那么这个孩子的智商就是100，说明他的智商达到了正常8岁儿童的一般水平，如果一个8岁儿童的智龄为10.4，那么他的智商就是130了。

智商 100 代表智力的一般水平；如果智商超过 100，说明儿童的智商水平高；低于 100，则说明儿童的智商水平低。

用智龄和实际年龄的比率来代表智商，叫比率智商。比率智商有一个明显的缺点，人的实际年龄逐年在增加，而他的智力发展到一定阶段一般会稳定在一个水平上。这样，采用比率智商来表示人的智力水平，智商将逐渐下降。这是和智力发展的实际情况不相符的。

为了更真实地反映出一个人的智力状况，韦克斯勒革新了智商的计算方法，把比率智商改成离差智商 (deviation IQ)。提出离差智商的根据是：人的智力的测验分数是按常态分布的，大多数人的智力处于平均水平，IQ=100；离平均数越远，获得该分数的人数就越少；人的智商从最低到最高，变化范围很大。智商分布的标准差为 15。这样，一个人的智力就可以用他的测验分数与同一年龄的测验分数相比来表示。公式为：

IQ=100+15Z

其中，Z=（X−）÷SD

Z 代表标准分数，X 代表个体的测验分数，代表团体的平均分数，SD 代表团体分数的标准差。因此，只要我们知道了一个人的测验分数，以及他所属的团体分数和团体分数的标准差，就可很容易地计算出他的离差智商。例如，某施测年龄组的平均得分为 80 分，标准差为 5，而某甲得 85 分，他的得分比他所在的年龄组的平均得分高出一个标准差，Z=(85−80)÷5=1，他的智商 IQ=100+15×1=115。说明他的智商比 84% 的同龄人要高；如果某人的得分比团体平均分低一个标准差，Z=−1，他的智商 IQ=85，说明他的智商只比 16% 的同龄人高，而低于一般人的水平。

由于离差智商是对个体的智商在其同龄人中的相对位置的度量，因而不受个体年龄增长的影响。例如，一个孩子在测验中的得分高于平均数3个标准差，那么，不论他的年龄有多大，他的智商总是148。同样，一个智力平常的儿童，他的智商总是100。

意志为什么对智商的发展起作用呢？

有一个著名的研究说明了意志对智商的影响。美国心理学家特尔曼从1921年开始对1528名智力超常的儿童进行大规模的追踪研究，前后时间长达50年，得出了一系列研究结果。这些超常儿童的智商都在140分以上，那么这些孩子长大后的成才情况如何呢？结果发现，智力与成就有一定关系，但不完全是相等关系。特尔曼等人对800名男性中成就最大的20%和成就最小的进行比较，结果发现：这两组人的差别主要在于他们的人格品质上，特别是意志品质的差异。成就大的一组人在独立性、果敢性、自制性、坚韧性等意志品质上明显高于成就小的一组人。

事实胜于雄辩，这一研究案例充分显示了意志对智商的影响。高智商并不意味着一个人能"功成名就"，而意志品质良好的人更容易取得成功。成就水平反映了一个人智力水平发挥、智力才能展现的程度。每个科学成就的获得都像爱迪生所说的那样："只靠百分之一的灵感，百分之九十九的是血汗。"

紧张的智力活动是艰苦的脑力劳动，没有非智力因素的积极参与和支持，是不可能克服困难，排除障碍的。我国现代著名学者王国维在《人间词话》中，集古人词作名句描绘的所谓"三境界"，对我们认识这个问题是很有启发意义的。

"昨夜西风凋碧树，独上高楼，望尽天涯路。"是第一境界。一个人在准备开展智力活动以解决某个问题之前，常常会觉得问题复杂，头绪纷繁，不知从何处着手才好。这就要求他兴味盎然、热情洋溢、下定决心、充满信心地去积极开展智力活动。

"衣带渐宽终不悔，为伊消得人憔悴。"是第二境界。智力活动展开之后，常常不会一帆风顺，而是会有急流险滩，不进则退。这就要求一个人必须持之以恒，知难而进，冥思苦想才会有所进展，有所收获。

"众里寻他千百度，蓦然回首，那人却在灯火阑珊处。"是第三境界。经过艰苦、大量、长时间的思考，终于"灵光乍现"，原先百思不得其解的问题最终迎刃而解了。一个人经过顽强的智力活动获得成功之后，必然会感到豁然开朗，心情愉悦。但还要求他不能就此止步，而必须再接再厉，以饱满的情绪和旺盛的精力、毅力投入新的智力活动。

"志不坚者智不达，言不信者行不果。"可见，智商是可以通过后天训练来提高的，智商是越练越灵、越用越精的，天才的训练需要智商。意志品质坚强的孩子往往通过努力、刻苦地学习各种知识，来提高其智商。相反，天赋较好但不勤奋学习的人，最终只能一事无成。

增强大脑的思考能力

拿破仑·希尔认为，成功之路是以正确的思考方法为必然基础的。所以，要想走向成功，就必须培养并具备正确的思考方法。

然而，正确的思考方法不是天生就有的，它需要后天的训练和个人有意地培养。

正确思考的 10 个步骤

（1）你想要做什么？翻开你的思考成功笔记，将你喜欢或你做得很好的事情列成一个清单。把什么事情都记下来——蠢事、新鲜事和你感兴趣的事。检视一下你的清单，并想想你要如何成功。让思想飞舞，写下你所有的想法，甚至看来好像疯狂或不切合实际的想法。酝酿了好多天的想法常常由于没有记下来而无法实现。

（2）跨进别人的创造天地，运用巧思来协助他人。找出他们特殊、非比寻常的能力，并助其开花结果。你可以替他们规划产品和开发市场。

（3）对新奇事物保持开阔的胸襟，然后进一步探究。这项新产品或意见会引发什么新想法？它的用途及前景如何？我们可能要创造什么样的前景？

（4）抓住机会。最佳时机常常稍纵即逝，你应提高警觉！

例如，传真机的发展前景很被看好，有什么新点子是你所能想到的，能够让传真机与市场有所结合？国外有家快餐店就想了一个好主意：他们让上班族将午餐订单传真到店里点餐。餐厅则利用传真机，将午餐菜单与特别餐菜单传真到当地企业的办公室里。现在这些功能也即将对家庭这个市场开放，你最好赶紧在传真世界击败你之前，找出能在家中运用传真机的方法，并快速占领这个用途的市场。

（5）别禁锢你的思考。当初，人们嘲笑莱特兄弟俩，笑他们认为人类终有一天可以在月球上漫步的想法，如今却成事实。

你心中有什么想法？有些或许是不可能的、愚蠢的或好笑的，但把它们记下来，过段时间再拿出来看，说不定你会找到个"金矿"。

（6）找出别人的需求。有个化学家发现如今面临的最严重的问题是，充斥了化学废料的环境。经过进一步的研究后，她发现某些废弃物可用来再生，使其成为别的化学物品。于是她收集某公司的废弃物，来供另一家公司再使用，以此获得了巨大的财富。

除了化学物品之外，有许多东西在这家公司是废弃物，而对另一家公司却是可再使用的宝藏。填充物就是一个很好的例子——找一家要处理填充物的公司，再找一家要买这些填充物来包装他们产品的公司。说不定先前那家公司还要花钱来请你将这些废物弄走呢！

将这些可以满足他人需求的事情写下来！就你所熟悉的事物为主题来写部书，或是从你"喜欢做的事"的清单上挑选个主题。其他人或许可以从你的知识里获得好处，去满足一个需求——将你专业领域里的那道信息鸿沟填满。

（7）注意服务。许多旧式的服务已经消逝了，这个领域空了下来，而它正等待一个聪明的经营者来占领。不要只是想着提供新式的服务项目，而要将旧的、有必要的再找回来。你想要有什么样的服务项目，着手去做吧！

（8）永远要让付出大于获得，这是成功最大的秘诀。假如你是那种扬言收一分钱，便只做一分事的人，那你一辈子都是薪水的奴隶。

（9）助人者自助。在市场销售方面，依着这个原则，成就了很多国际知名的大型企业，同时有很多人借助其企业而赚钱。

（10）你还在等什么，马上行动吧！不要用一些"我没有足够的钱""我了解得不够""还没做好准备"等借口来拖延。一旦有想法，就顺着去做，只有这样才能收获报酬。

多一份理性思考

（1）提出问题。"发现问题"是整个思维过程中最困难的一部分。要知道，在你提出问题之前，你不可能知道你要寻找的是什么解决方法，更不可能解决这个问题。

（2）分析情况。一旦你找出这个问题后，你就要从所处环境中发现尽可能多的线索。

在分析情况的过程中，你寻找的是具体的信息资料。你不要被一开始就找到问题的解决办法和答案所诱惑，而漏掉了别的办法。你应该强迫自己去寻找有关的信息资料，直到你觉得自己已仔细并准确地分析了这种情况之后，再做出判断。

分析情况过程中，以下是一些有帮助的基本问题：

在什么地方能找到解决这个问题的信息资料？

有谁能帮助解答这个问题？

在解答这个问题的过程中已经做了哪些工作？

这些资料对我们有帮助吗？

现在已有了哪些能帮助解答这个问题的有关资料？

（3）寻找可行的解决方法。一旦你找出了问题、分析了情况之后，你就可以开始寻找解决问题的办法。同样，你也要避免那些看起来似乎很好的答案。

在这一步骤中是很需要创造性的。除了那些一眼就看出似乎有道理的解决办法之外，你还要寻找其他的办法，尤其在采纳现成的方案时要特别留心。如果别人也探讨过同样的问题，而且其解决办法听起来也适合于你的情况时，要仔细判断一下那种情况与你的情况究竟相同在何处。

注意，不要采用那些还没有在你这种情况下检验过的解决方法。

（4）科学验证。很多人到了上一步就停止了，这其实是不完整的，因而也是不科学的。

一旦解决办法找到了，你就要对其进行检验和证明，看看这些办法是否有效，是否能解决提出的问题。在检验之前你不可能知道这些办法是否正确。

在这个过程中，你所要做的就是寻找这种情况的原因，并加以解释，你要回答诸如"为什么""什么""怎么会"这类问题。

下面来看看理性思考的实例，边看边结合上面的思维程序进行练习，得出自己的结论。

一场大火席卷了大片的森林，一个护林员立即组织了一支有27人的消防队。他把这些人分成几个小组，迅速扑火，并给每个小组发了一个报话机。

他宣布："有一架直升机马上就会在这个地区上空徘徊，如果你遇到险情，就用报话机与这架飞机联系，他们就会把你们救出来。"然后，他对每个小组讲述了这台报话机的用法。

当大火终于扑灭后，有一个小组失踪了。通过努力寻找后，在一个山谷里找到了他们烧焦的尸体。

为了总结教训，必须要找到他们没有得救的答案。这就引出了一系列问题："为什么这些人没得救？他们是怎样遇难的？如何解决这个问题？怎样证明各种可能原因是正确的？最后怎样确定结论？"沿着这样几个步骤，一步步得出的结论才是最可能、最可靠的。这也是理性思考的威力所在。

多一份理性思考，有助于你发现事物本质，而非理性思考也很重要，但在生活中又往往被人们视而不见，下面列举 6 种非理性思考的误区，供反躬自省。

第一种：如果事情不照自己所期待的样子发展，那可就糟糕了。

第二种：每一个人绝对需要别人的喜爱与称赞。

第三种：人人都会依赖他人，并应该找一个更强的人去依赖。

第四种：逃避困难比面对困难要容易。

第五种：过去的经验是现在行为的决定因素，过去的影响是无法消除的。

第六种：对于不一定会发生的糟糕的事，也应给予重视。

运用比较思考法

首先，尽量用积极、快乐的词来描述你的感觉。

当有人问你"今天怎么样"时，如果你回答"我很累或头痛、感觉不佳"，那么这实际上你是在使自己感觉更糟。反之，每次有人问你"你好吗"或者"今天怎么样"时，你回答"好极了！"或者说"很好！"你将真的开始觉得好极了。从此，你就变成一位非常快乐的人，这将给你带来朋友。

其次，使用光明、快乐、好的字眼去描述他人，使它成为你的一个法则。

经常将好的、积极的语言送给你的朋友与伙伴。当你和一个人在谈论第三个人时，多用好的字句去描述他。例如，"他是一个招人喜欢的家伙""他干得很好"，千万不要使用那些伤人的语句，否则，第三个人迟早会有所耳闻，结果，这样的语句反而会伤害你自己。

再次，使用积极的语言鼓励他人，抓住任何机会赞美他人。因为你周围的所有人都渴望赞美。

每天送给你妻子或丈夫一句动听的话，留心并赞美与你一起工作的人。赞美，带着诚意的赞美，是取得成功的一个重要工具。赞美的对象是多方面的，它包括人们的外表、性格、品行、事业、成就以及家庭等。

最后，使用积极的语言向他人介绍你的计划。

当人们听到"好消息""我们碰上一个极好的机会……"时，他们的大脑也立刻会兴奋起来。但当他们听到某些事，如"不管我们喜欢不喜欢，总算找到了一个工作"时，他们会感到枯燥、单调，丝毫也提不起精神来。当许下取胜的诺言时，你将看到人们的眼睛格外明亮，你也将赢得他们的支持。

捕捉头脑中的灵感之光

哲学家柏拉图曾指出，灵感是从天上掉下来的一种感觉，是人神沟通的媒介。真正的灵感是明智的，它引导我们走向成功，因为它揭示了潜意识中最本质的心灵趋向。

灵感，也称顿悟，它是人类创造性活动中一种复杂的心理现象和精神现象，具有瞬间突发性与偶然巧合性的特征。灵感是知识、信息等要素经过大脑潜意识思维激活后，瞬间产生出目标所需的答案信息，并由潜意识向显意识闪电式飞跃的高能创新思维。

现实生活中，灵感思维与人的直觉是密不可分的，直觉是人的先天能力，往往可以成为创意的源泉。

任何时候，人都会有预感，只是我们时常忽视它，或当作不理性的无用之物，不信任直觉而已。

许多人都懂得直觉对于创新思维的重要性，他们先处理一些明显无用的信息之后，面对有矛盾的地方，他们就凭直觉下结论。有些选择让人感到莫名其妙，其实这却正是创新能力经由直觉发挥作用的最佳时机。

直觉较为丰富的头脑具有以下特点：相信有超感应这回事；曾有过事前预测到将发生什么事的经验；所做成的事大都是凭感觉做的；碰到重大问题，内心会有强烈的触动；早在别人发现问题前就觉得有问题存在；也许有过心灵感应的事；曾梦到问题的解决办法；在大家都支持一个观念时，能够持反对意见而又不知道为什么如此；总是很幸运地做成看似不可能的事。

化学家固特异在实验室中同往常一样在努力做实验，不小心将实验用的橡胶掉到桌下的硫黄上。他遗憾地叹道："花了好大的劲，白搭了。"于是一边发牢骚，一边尽力消除粘在橡胶上的硫黄。但硫黄已渗入橡胶内部，很难除掉。这位直觉能力很强的科学家想"干脆扔掉算了"，但又觉得好不容易做出来的东西弃之可惜，就随手放到桌边。"今天算白干了！"沮丧的固特异想，并准备回家。然而，他无意中摸了一下放在桌边的橡胶，这一摸让他成了名，橡胶居然有了前所未有的优异弹性。他的直觉告诉他，这件事具有重大意义。于是他冷静了一下，用两手把橡胶拉长，橡胶的异常特性使他更为吃惊，即使用两手用力地拉，也拉不断，相比之下，以前的橡胶最多如同年糕，一用力拉就断裂了。就这样，一种前所未有的具有优异弹性的橡胶发明出来了。

直觉与灵感对创新思维如此重要，那么我们就该问到底如何把握灵感呢？首先我们应该清楚什么时候灵感最容易出现，其次应掌握激发灵感的方法。

许多科学家都有这样的体会，在夜晚睡前或刚醒的时候灵感最容易光顾。因为在浓重的夜色中，闭目而思，几乎可以完全避免来自视觉的信息对大脑思维活动的干扰刺激，静卧于床上还能将触觉信息对思维的干扰降低到最低限度。所有这些都十分有利于最大限度地发挥大脑思维潜力，使人易于突破对问题的思考。如果再加上偶然和特殊因素激发，还有可能使大脑潜力超常发挥，"灵感"就这样爆发了。而且，人躺着时，由于大脑供血状况明显地得到了改善，这为大脑活动提供了最佳的营养保证。一觉醒来，大脑在得到一段时间的休息后，又将进入精力充沛的状态，这些也为灵感火花在夜间爆发创造了有利的条件。脑研究专家们还通过对脑电图的研究发现，绝大多数脑细胞的活动在夜间易处于同步状况，这也为最大限度地发挥大脑潜能提供了难得的条件。

知道了灵感最容易在夜间出现，我们再来看看如何激发灵感。

有的思维学者指出，撰写故事可以用来激发新的灵感，通过撰写与问题多多少少有点关联的简洁故事，可以激发创造一些新的想法。然后，对这些想法进行研究分析，并以此来创造解决问题的办法。

运用这一方法激发灵感的具体步骤为：

（1）以问题为根据来编造一个故事。故事的长度应限制在 1000字左右。在编撰故事的时候，应尽量避免直接把问题编入故事，而应使故事尽可能充满想象的色彩。

（2）细致地考察故事情节，并把主要的原则、行动、事件、主题等列出来。

（3）以这些材料为基础，创造解决问题的办法。你也可以把故事写在一张椭圆形表内，让小组成员每人依次添加一个句子。另外一种可能的方式是让一个人独立编撰一个故事，然后让其本人对故事从头至尾加以解释说明。这个过程也可以以组为单位来完成。

这种方法能够激发丰富的思想源泉。在绝大多数情况下，由于这些刺激是一些十足的无关信息，所以最易激发出独特的想法。

还有的思维学者极力推崇运用由日本人发明的"荷花盛开法"来激发头脑中的灵感。它以"核心思想"开头，该思想是观念拓展的基础。由此扩展开去，就会获得一系列环绕其周围的思想之窗或思想的花瓣。在中央，核心观念被8扇窗户包围起来。而每一种核心思想都起着灵感激发器的作用，由它来激发次级的8个核心思想。每扇窗户又将成为其他一组8扇窗户的核心。

可以假设核心思想是在组织中存在着什么样的成员配置问题，通过诱发头脑中的想法，围绕这一核心思想的8个花瓣或8扇窗户为：

（1）更多的秘书支持。

（2）额外的管理受训员。

（3）在中层管理部门从外输入新鲜血液。

（4）由于高比例的补缺人员而使销售人员不断流动起来。

（5）车间的学徒。

（6）熟练的外贸技术员工。

（7）清洁与帮厨的临时工。

（8）为残疾工人提供更多的机会。

剩下来的事就是围绕着每个问题又能产生8种新的观念，如此连续进行下去，最终会在灵感的引导下发现意想不到的好点子。

意志力决定情商水平

1990年，一个心理学概念的提出在世界范围内掀起了一场人类智能的革命，并引起了人们旷日持久的讨论，这就是美国心理学家彼得·塞拉维和约翰·梅耶提出的情商概念。紧跟其后的1995年10月，美国《纽约时报》的专栏作家丹尼尔·戈尔曼出版了《情感智商》一书，把情感智商（情商是 Emotional Quotient 的缩写，翻译过来就是情绪智慧）这一研究成果介绍给大众，该书也迅速成为世界范围内的畅销书。随着人类对自身能力认识的深入，越来越多的人认识到在激烈的现代竞争中，情商的高低已经成了人生成败的关键。作为情商知识的受益者，美国总统布什说："你能调动情绪，就能调动一切！"

那么情商究竟是什么？

我们已经知道，人在接触外界事物过程中，不仅形成了对客观事物的各种认识，还表现出种种不同态度，如愉悦、快乐、伤悲、痛苦等，这些人对客观事物的态度体验就是情感。

人的情感是复杂多变的。人能不能进行自我控制，也就是说，人能不能做自己情感的主人呢？这就是意志对情感发展的功能问题，或者说，意志对情商有怎样的影响？要回答这个问题，我们不妨从情感的3种基本形态——心境、激情、应激说起。

心境

心境是一种常见状态，又叫心情，它是一种在一段时间内具有持续性、扩散性，而又不易觉察的情绪状态。

心境对人的精神状态影响很大，因而对人的生活、工作、学习有直接而明显的影响。人们处在某种心情时，这种心情会扩散到活动的过程中，往往使其以同样的情绪状态看待一切事物。

人的心情好时，会有万事皆如意的感觉。当人在情绪不好亦即心境不好时，干什么都提不起精神。

不同的心境受外界影响，也可以由自己身体的自我感觉（如健康状况）引起。稳定的心境与人的个性特征有关。乐观洒脱的人心境愉快的时候多，悲观狭隘的人心境抑郁的时候多。

引起不同心境的原因，不是每个人都能意识到。经常听到有人说，"最近比较烦，比较烦，总觉得日子过得有一点无奈"。当意识到自己的心境不好时，就应当设法改变这种情绪状态了。

除了一些飘忽不定、影响时间较短的心境外，每个人还有各自独特的稳定心境。

稳定的心境由一个人占主导地位的情感体验决定。有的人总是乐观开朗、喜笑颜开，这种人愉快的心境占主导地位；有的人总是愁眉苦脸，郁郁寡欢，这种人忧伤的心境占了主导地位。

健康的身体、积极向上的生活态度、和谐的人际关系等，都是形成积极性稳定心境的必要条件。

形成心境的原因，固然在于外界的重大刺激、个人的生活状况，但最重要的还是一个人的生活目的和理想。远大的生活理想和正确的生活态度，所造成的心境最稳定，持续的时间最久，影响的范围最大，可以压倒其他一切心境。所以，树立坚定而远大的理想抱负，培养良好的意志品质和乐观主义精神，是调控心境并发挥心境积极作用的根本途径。其中，意志的作用也是非常明显的。

激情

激情，是指在较短时间内，来势较猛、整个身心都处在激动中的情绪状态。如恐惧、绝望、狂喜、盛怒等，都是人处于激情中的具体表现。

人处于激情状态时，皮层下神经中枢失去了大脑皮质的调节作用，皮质下中枢的活动占了优势。人的自我控制能力减弱，会发生"意识狭窄"现象，下意识地做出与平常行为很不相同的举动。但是，人在激情状态下，并非完全意识不到或不能控制自己。在相当大的程度上，激情也是可以控制的，比如，当愤怒还未冲破理智时，及时加以调节，在很大程度上可以避免激情出现。

积极的激情，可以调动起身心的巨大潜力，对工作和生活产生积极的作用。比如说音乐指挥家以狂放的激情指挥出大气磅礴的交响乐来。消极的激情则会使人冲动、呆滞和失去理智，盛怒就是一种消极的激情。消极的激情使人表情难看，容易使人失去理智，在愤怒的驱使下，甚至连说话都语无伦次，常出现类似的消极激情，对人的身心有巨大的影响。

怎样避免激情的消极作用呢？首先，利用认识激情对情感的导向作用，尽量用正面的目的倾向去压倒反面的目的倾向。其次，在正确目的确定之前，如果遇到将要引起激情的事物，可以先想点别的，或干点别的来推迟激情的爆发，这样可以留出时间来让正确活动目的占据主导地位。林则徐在自己房里写上"制怒"两个字，就是这个道理；俄国著名作家屠格涅夫劝人吵嘴前必须把舌尖在嘴里转 10 圈。可见，激情虽然是一种暴风骤雨般的情感过程，但它是可以控制的。一个有正确目的、有崇高理想、有顽强毅力、有修养的人，不会为激情所左右。很明显，这个控制过程靠的就是意志的力量。

应激

应激是在遇到出乎意料的紧张情况时，人都会出现的高度紧张的情绪状态。比如亲人死亡、意外事故、患上不治之症等，都可能引起应激状态。

应激状态下，神经内分泌系统紧急调节并动员内脏器官、肌肉骨骼系统，加强生理、生化过程，促进有机能量的释放，提高机体的活动效率和适应能力。但过度的或长期的应激状态，可能导致过多的能量消耗，引起某些疾病，甚至会导致死亡。

适当的应激状态，可以使人"灵机一动，计上心头"。但在应激状态下，除了意识活动的某些方面受到抑制之外，还可能出现知觉、记忆等方面的错误，对出乎意料的刺激产生的强烈反应，会使人的注意和知觉范围缩小。

美国纽约大学的神经系统学者勒杜对这种现象从生理上做出了解释。他发现了大脑中的一种短路，这种短路使情感在智力还没有介入之前，就驱使人做出行动。

一个人在黑夜里行走，他眼角的余光突然发现了一条白晃晃在飘的东西，他的后背蓦地窜出一串冷汗，下意识地浑身一抖。

但他仔细察看这个东西后，紧张的心情释然了，原来什么也没有，只是错觉而已。于是他调整了最初的反应。这最初的反应，就是大脑的情感反应与智力反应的"短路"。

在应激状态下，出现大脑中情感与智力的"短路"是正常的、可以理解的。然而，有些人稍遇情绪波动，就产生这种"短路"，产生感情冲动，以感情代替理智、以感情冲击理智。这类人很难调节自己的情绪。

高度的思想认知、强烈的责任感、坚强的意志、丰富的经验和有意识的训练，在应激状态下，可以不同程度地减少不理智行为的出现。

总之，无论是激情，是心境，还是热情，所有的情感活动都是可以调控的，都受意志的调节。就是说，这些情感是在意志的作用下而得以调控的。只有意志坚强的人，才会形成各种积极的情感。消极的情感是否对人起干扰作用，也取决于一个人的意志力水平：意志坚强的人可以调控消极情绪，把意志行动坚持到底；意志薄弱者则往往被这些消极情绪所左右，使行动半途而废。我们常说："驾驭自己的情感，做自己情感的主人。"靠什么力量才能做自己情感的主人呢？靠的就是意志力。这就是意志在情感发展中的作用。

至此，我们已经看到，在很大程度上，人的意志不仅决定着智商水平，而且决定着情商的水平。因此，意志在人的整个心理素质结构中，具有主导性的地位和功能，是人生走向成功的最重要动力。我们每一个渴望成功的人，都应该最大限度地发挥意志力量的作用。

意志力提高个人效率

就像用废纸练习书法一样，平常的日子总会被我们不经意地当作不值钱的"废纸"，涂抹坏了也不心疼，总以为来日方长，平淡的"废纸"还有很多。但生命并非演习，而是真刀真枪的实战。生活也不会给我们"打草稿"的时间和机会，要想生活不留遗憾，就要努力磨炼意志力，改掉自己的不良习惯，提高自己做任何事情的效率，否则待到你漫不经心地写完"草稿"，人生也会成为无法更改的答卷。

行动要讲求效率，但千万不要粗制滥造，那样的行动会令你更慢。我们每天都要想：如何增加效率？如何改善流程？如何让我们的产品或服务更好？如何能够满足更多顾客的需求？这是每一个成功人士每天思考的问题。

然而，很少有人能够系统地思考如何提升做事的效率。效率的改变，来自于观察问题的真正根源所在；效率的改善，来自于分析事情的优先顺序；效率的改变，更来自于自觉地调动意志力。

宋代时，皇宫突然失火，烧毁了几座殿堂，皇帝命令大臣丁谓限时修复。丁谓经过考虑发现有三难：宫中无土筑墙，要从几十千米外运土进城难；大批竹、木等建筑材料要从外地运到宫中难；处理建筑后的破砖废石难。怎么办？

经过苦苦思索，他终于精心设计了一个绝妙的施工方案：先把皇宫前的大路挖成深沟，就地取土烧砖筑墙；然后，把汴河水引入沟中，建材用船运到工地；等宫殿修好后，再把垃圾填入沟中，修复大路。这样，一举三得，工程进度比预定进度大大提前。

由此可以看得出，自觉地采用最佳方法来提高工作效率具有巨大的生命力。

你要学会高效率地行动、学习和工作，努力改善自己的不良习惯，懂得利用时间，善用资源，必须以最短的时间和最少的资源，产生最大的效益，这样才能确保成功。

记住！在每天行动前必须思考自己做事的效率，并全力将其贯彻到行动中去，这些是成功不可或缺的。

合理安排出效率

制定一个合理的工作日程表

高效地工作，从一定意义上来说，也就是要合理安排好自己的工作秩序。这样，将大大节省你的时间和精力，并有利于你工作的开展。

管理学著作《有效的经理》一书中有这么一句话："我赞美彻底和有条理的工作方式。一旦在某些事情上投下了心血，就可以减少重复，开启了更大和更佳的工作任务之门。"

培根也说过："选择时间就等于节省时间，而不合乎时宜的举动则等于乱打空气。"没有一个合理有序的工作秩序，必然浪费时间，要高效地工作就更不可能了。试想一个搞文字工作的人资料乱放，找个材料都会花半天时间，哪有效率可言？

为了使工作条理化，就要明确每年、每季度、每月、每周、每日的工作及工作进程，并通过有条理的连续工作，来保证以正常速度执行任务。在这里，为日常工作和下一步进行的项目编出目录，不但是一项不可估量的时间节约措施，也是提醒人们记住某些事情的手段，可见，制定一个合理的工作日程是多么重要。

工作日程与计划不同，计划在于对工作的长期计算，而工作日程表是指怎样处理现在的问题。比如今天还有明天的工作，就是逐日推进的计划。有许多人抱怨工作太多又杂乱，实际是由于他们不善于制订日程表，无法安排好日常工作，有时候反而抓住没有意义的事情不放，最后被工作压得喘不过气来。

在明确工作目的和任务后，能不能实现就在于能否合理而有秩序地组织工作。

组织工作就要做好选择的工作，剔除那些完全没有什么价值或者只是意义很小的工作，接着再排除那些虽有价值但别人干更适合的工作，最后再剔除那些以后再做也不迟的工作。对付这些区分出来的工作，你可以采取化繁为简的工作方法加以处理。

美国威斯门豪斯电器公司前董事长唐纳德·C·伯纳姆在《提高生产率》一书中提出提高效率的3个原则：在每做一件事情时，应该问3个"能不能"："能不能取消它？能不能把它与别的事情合并起来做？能不能用更简便的方法来取代它？"

在这3个原则的指导下，善于利用时间的人就能把复杂的事情简明化，办事效率有很大提高，不至于迷惑于复杂纷繁的现象，处于被动忙乱的局面。无论是在工作中，还是在生活中，为了提高效率，就必须决心放弃不必要或者不太重要的部分，并且把重要的事情也进行有序化。

实际上，有序原则是时间管理的重要原则，正确地组织安排自己的活动，首先就意味着准确地计算和支配时间，虽然客观条件使得你一时难以做到，但只要你尽力坚持按计划利用好自己的时间，并就此进行分析总结以及采取相应的改进措施，你就一定能赢得效率。

总之，要明确自己的工作是什么，并使工作组织化、条理化、简明化。这样，就能最有效地利用时间，让你的合理安排生出效率来。

处理工作分清轻重缓急

我们在工作中常常会遇到千头万绪、十分繁杂的情况，往往会被这些情况弄得晕头转向、不辨东西。这时分清工作中的轻重缓急，找到其中最迫切需要解决的问题，并且集中力量解决它，是最该做的事。

帕莱托定律告诉我们：应该用 80% 的时间做能带来最高回报的事情，而用 20% 的时间做其他事情。我们要牢牢记住这个定律，并把它融入工作当中，对最具价值的工作投入充分的时间，否则你永远都不会感到心安，你会觉得陷入一场无止境的赛跑里头，而且永远也赢不了。

工作中，我们难免会被各种琐事、杂事所纠缠，如果我们没有掌握高效能的工作方法，就会被这些事弄得筋疲力尽、心烦意乱，总是不能静下心来做最该做的事；或者是被那些看似急迫的事所蒙蔽，根本就不知道哪些是最应该做的事，结果白白浪费了大好时光。

"鹅卵石"是一个形象逼真的比喻，它就像我们工作中遇到的事情一样，在这些事情中有的非常重要，有的却可做可不做。如果我们分不清事情的轻重缓急，把精力分散在微不足道的事情上，那么重要的工作就很难完成了。

创办遍及全美的事务公司的亨瑞·杜哈提指出，不论他出多高的薪水，都不可能找到一个同时具有两种能力的人：第一，有思想；第二，能按事情的轻重缓急来做事。这种说法虽然有些夸张，却也间接地反映出良好的工作习惯的确是被很多人忽略的。

高效地搜集消化信息

当今世界是一个以大量资讯作为基础来开展工作的社会。在商业竞争中，对市场信息尤其是市场关键信息把握的及时性与准确性，对竞争的成败有着特殊的意义。

因此，对于一名高效能人士来说，行业最新动态、市场现状与发展趋势、相关领域最新技术的动向、交易前沿的最新情况、企业内部其他部门相应工作进度等资讯，他都必须要设法了解。缺乏所需信息情报，工作难以进行下去。例如，我们在制定计划时，只有尽可能多地拥有信息情报，才能更大程度地使计划完备周详，使可能出现的纰漏降到最低。

另外，在现代职场中，公司内部员工之间的竞争也是越来越激烈，及时、准确地掌握信息，对赢得竞争十分重要。信息就是资历，信息就是竞争力，一个人如果能及时掌握准确而又全面的信息，他就等于掌握了竞争的主动权。

但是我们在工作中面临的一个现实是：一方面知识更新速度很快，社会资讯泛滥，到处充斥着这样那样的信息；另一方面，总是感觉到工作上所需要的资讯相对难求。有些企业，尤其是大型企业对资讯的收集、管理和使用都比较混乱，没有一套系统的方法。以至于有时候获取了很好的情报，但由于错过了最佳使用时机而失去了其应有的价值。

一个高效能人士应当养成高效地搜集、消化信息的习惯。当你真的感到自己在工作时缺乏信息，不要像有的员工那样，抱怨"公司的资讯没能很好地流通，我得不到应有的信息支持"。因为说出这样的话，就表示你没有主动地去搜集资讯信息，而是坐在那里被动地等待别人来提供信息给你。当你确实需要资讯时，必须要主动地去搜集。

（1）要善于捕捉有用信息。在信息社会，每一个人都在扮演着两个基本角色，即信息传递者和信息接受者。信息就像人们讲"吃过了吗？""吃过了。"之类的寒暄话一样自然而平常。但在这"自然而平常"之中，却有着许许多多的学问，关键就是看你能否捕捉和善用信息。

职场中总有些人不去自动自发地搜集信息，而只是坐在那里等着信息传达到他们手上。持这种守株待兔的态度，是无法成为一名善于搜集、消化信息的高效能人士的。

（2）要对事物保持敏感。一个高效能人士应当对事物保持敏感，这样才能在信息社会中赢得主动。事实证明，那些事业上成功的人，往往对任何事情都抱有好奇心，在搜集信息时，也自然能对事物保持一定的敏感度，以便捕捉到对自己有用的信息。

（3）要培养搜集信息的好习惯。高效能人士应当养成高效搜集、消化信息的好习惯，那么，我们应当从哪些方面着手培养这些好习惯呢？

第一，主动去关心信息。高效能人士应当主动去"关心"信息，因为这是搜集信息的一个好方法。例如，在大街上，当你听到消防车喇叭声大作时，你会问："哪里失火了？哪里出现了紧急情况吗？"只有主动询问，你才能立刻了解到哪里出现了事故。当看到街头围了一大群人，你要走上前挤进去，才能看得见那里发生了什么事。因为，要掌握一件事情的真相，光有好奇心是不够的，还要尽可能地亲身经历或亲眼所见。要搜集资讯，就必须主动出击，抢先获取第一手资料。

当然，我们还应当培养自己判断价值信息的能力，这样，才能在浩如烟海的信息世界里找到对自己有用的信息。

第二，建立个人信息网络。建立个人信息网络的重要性在于，当你想要哪一类资讯时，你立刻可以找到能提供这方面信息的人；当你想得到最具权威性的资料时，马上有人为你提供最为科学的建议。怎样来建立你的信息网络呢？可以先以你的知交良朋、同一母校的校友、同时进入公司的同事、上各类培训班时认识的学员、同行业里认识的朋友为基础，逐渐扩大你的信息网络。若善加利用，这个网将是你一生中最为宝贵的财富之一。

第三，要善于"套"情报。用对信息的保密程度来划分，人不外乎两类：缄默型和主动传播型。当知道一项内部资讯时，主动传播型的人，不用你去问，他都会跑来告诉你整个事情的始末，并且会添油加醋。而缄默型，则会三缄其口，不随意传话。

对缄默型的人，你要想办法从他们的嘴里"套"出话来。你不能开门见山，要旁敲侧击。而对主动传播型，无论他跟你说什么，你都要很有兴趣地听完它，而不要对自认为有价值的就认真听，觉得没用的就提不起精神。否则，以后他就不会再告诉你什么东西了。

第四，不要随便传播所得情报。一般，在对方信任你的情况下，才会告诉你内部参考、内幕消息和独家机密，而且他们往往都会叮嘱你"千万不要告诉别人"。如果你把这些别人不知道的事情随便告诉了其他人，一旦传到了当初告诉你的那个人耳中后，以后你再也不能从他那里得到什么有价值的资讯了。

将困难问题分解

工作中，遇到困难是常有之事，而战胜困难的关键就是善于将困难的工作分解，把大问题化作小问题，学会分阶段、分层次处理问题，从而把"不可能"变成可能。

1968 年春，罗伯·舒乐博士立志在加州用玻璃建造一座水晶大教堂，他向著名的设计师菲力普·强生表达了自己的构想："我要的不是一座普通的教堂，我要在人间建造一座伊甸园。"

强生问他的预算，舒乐博士坚定而坦率地说："我现在一分钱也没有，所以 100 万美元与 400 万美元的预算对我来说没有区别，重要的是，这座教堂本身要具有足够的魅力来吸引人们捐款。"

这座水晶大教堂最终的预算为 700 万美元。700 万美元对当时的舒乐博士来说是一个不仅超出了他的能力范围，也超出了他的理解范围的数字。

当天夜里，舒乐博士拿出 1 页白纸，在最上面写上"700 万美元"，然后又写下了 10 行字：

1. 寻找 1 笔 700 万美元的捐款。

2. 寻找 7 笔 100 万美元的捐款。

3. 寻找 14 笔 50 万美元的捐款。

4. 寻找 28 笔 25 万美元的捐款。

5. 寻找 70 笔 10 万美元的捐款。

6. 寻找 100 笔 7 万美元的捐款。

7. 寻找 140 笔 5 万美元的捐款。

8. 寻找 280 笔 2.5 万美元的捐款。

9. 寻找 700 笔 1 万美元的捐款。

10. 卖掉 1 万扇窗户，每扇 700 美元。

60 天后，舒乐博士用水晶大教堂奇特而美妙的模型打动了富商约翰·可林，他捐出了 100 万美元。

第 65 天，一对倾听了舒乐博士演讲的农民夫妻捐出 1000 美元。

8 个月后，一名捐款者对舒乐博士说："如果你的诚意和努力能筹到 600 万美元，剩下的 100 万美元由我来支付。"

第二年，舒乐博士以每扇 500 美元的价格请求美国人订购水晶大教堂的窗户，付款办法为每月 50 美元，10 个月分期付清。6 个月内，1 万多扇窗户全部售出。

1980 年 9 月，历时 12 年、可容纳 10000 多人的水晶大教堂竣工，这成为世界建筑史上的奇迹和经典，也成为世界各地前往加州的人必去瞻仰的胜景。

水晶大教堂最终造价为 2000 万美元，全部是舒乐博士一点一滴筹集而来的。

现实中很多目标乍一看就像梦一般遥不可及，然而只要我们本着从零开始、点点滴滴去实现的决心，有效地将难题分解成许多板块，就将会大大提高我们去攻克难关的信心、能力和效率。最终将难题解决，将目标实现。

第二篇

创新力

　　创新力，即创新的能力，就是突破现状、独辟蹊径并不断地超越的能力。在社会竞争日益激烈的今天，创新力就是竞争力和战略资源，是成功的基础。在竞争中，创新者总是善于捕捉成功先机，快人一步，因而更易于成功。

创新力是一种超越的能力

　　有个人写了一首歌，但一直得不到赏识，无法发表。柯亨买下它，在它的基础上加了点东西，使无人问津的歌曲成为当时最风行的流行歌曲。他加上的东西仅仅是3个词："HIP, HIP, HOORAY"（嗨！嗨！万岁！）。但就是这3个表示欢乐的词改变了这首歌曲的命运，柯亨小小的创新超越了原作者，取得了出乎意料的成功。

　　在贝尔之前，有许多人声称他们发明了电话。那些取得了优先专利权的人中，有格雷、爱迪生、多尔拜尔、麦克多那夫、万戴尔威和雷斯。其中，雷斯是唯一接近成功的人，而造成巨大差异的微小差别是一个单独的螺钉。雷斯不知道，如果他把一个螺钉转动1/4周，把间歇电流转换为等幅电流，那么他早就成功了。

贝尔创造性地将螺钉转动 1/4 周，保持了电路畅通，并把间歇电流转换成了再生人类语言唯一的电流形式——等幅电流。雷斯没有坚持下去，即使他已经取得了很大的成功，但那还不是创新。而贝尔没有停止研究的步伐，超越再超越，结果创新了人类的通话方式。

超越就像把别人已搁置的 99℃的热水烧到 100℃，虽然仅是 1℃的差别，但就是这 1℃实现了质的飞跃。这种超越就是一种创举，就是创新力的体现。

所以，如果你站在成功的门槛上不能超越过去，那么就努力加上一点创新，突破原有的局限，这样便可实现超越。

我国民族汽车正是通过不断创新实现不断超越的。

2006 年 6 月 26 日，中国第一台自主品牌涡轮增压汽油发动机华晨 1.8T 在沈阳正式投产，华晨汽车再次成为业界关注的焦点。

中国民族汽车工业如何自主创新，自主品牌的强盛之路到底应该怎么走，这是一个曾经困扰中国汽车界多年的问题。

从诞生之日起就肩扛高起点自主创新大旗的华晨汽车，10 多年间的风雨坎坷一度让业内外对其战略路径充满怀疑甚至不乏种种责难。

时至今日，随着华晨尊驰、骏捷挟"品质革命"之利刃在中高级轿车市场上的强势崛起，"金杯"品牌在商务车市场连续 10 年以超过 50% 的份额几乎成为一个行业代名词。金杯旗下的阁瑞斯在 MPV 领域发展迅猛，以及"国内一流，国际同步"1.8T 发动机的横空出世，华晨汽车品质、品牌、技术的全面突破让一切争议变得无谓，诸种责难化为钦羡。因为，自主之路没有捷径，高起点创新终将超越一切。

在整车开发取得不断突破之后，华晨以非凡的魄力将创新的目光聚焦在少人问津的发动机领域，并锁定在最具挑战性的涡轮增压汽油发动机技术上。"中国的汽车产业要是没有核心技术，就要一辈子让别人掐着脖子，被别人左右。掌握不了最核心的发动机技术，民族汽车工业始终只能是浮华空论。发动机技术是制约中国汽车产业参与国际竞争的短板，华晨要做的，就是要用高起点自主创新来补上这个短板，让华晨汽车这个自主品牌装上中国人自己的涡轮发动机，成为真正'根正苗红'的自主品牌。"

华晨的发动机研发起步就与世界同步。它联手国际内燃机三大权威研发机构之一的德国 FEV 发动机技术公司，经过三年潜心砥砺，拥有独立知识产权的 1.8T 发动机于 2006 年 6 月 26 日正式投产。华晨 1.8T 发动机的推出，改变了汽车"中国心"孱弱的历史，标志着中国汽车迎来了"强擎时代"，开始与国际巨头争夺产业"制空权"。

不断创新、不断超越，敢于与国际巨头并驾齐驱，这就是华晨的成功之所在。

创新缔造进步，创新成就超越。我们只有激流勇进、独辟蹊径，才能把创新力转化为超越能力，从而获得成功。

创新力就是竞争力

有时候，你会发现，别人拥有某些条件，自己也拥有相同的条件，但自己总是竞争不过对手。细心观察一下，你是否发现自己缺少一种叫作"创新力"的东西？

20多年前，北京的餐厅刮起了一股"洋风"，很多新建或改建的餐厅，都用大量外汇进口材料搞室内装修，似乎只有这样才能招揽顾客。但是有一家叫"独一居"的餐厅却偏不赶时髦，而是独辟蹊径，用扇贝壳、海草、斗笠、剪纸等小物件装饰出一座具有民族文化情趣的高档餐厅，受到中外顾客的热烈赞扬。艺术家刘海粟、吴作人等也慕名前来观赏，并欣然留墨。

这家以经营海鲜菜肴为主的山东风味餐厅，在店堂风格设计上据说颇费了一番脑筋。有一次，餐厅经理到外地谈业务，晚上在海边散步时，看到一些小吃店"渔村味"很浓，让人感到在这里休息观海就像进入了海的世界。于是，这位经理心想："独一居"是以经营海鲜菜肴为主的餐厅，如果把店堂装饰成"海味风趣"，让顾客就餐时仿佛进入了海滨渔村，感受到的不是生疏的窘迫，而是具有浓浓人情味的中国民族文化风格，那该多好！

想到就要做到：餐厅拱门的造型，像破浪前进的两条渔船船首；临街的四扇落地窗户玻璃上贴着民间剪纸，窗帘则是山东蓝印花布制成的；在壁柜上，摆放着民间雕塑等工艺品；每张餐桌上方的天花板下，分别垂着一串串塑料葡萄或葫芦。更令人叫绝的是，吊灯灯罩是用渔民所戴的大檐斗笠做成的。在这里就餐，能让人感受到大海的自然情调。

1985年5月，"独一居"落成，被吸引来的外国顾客对餐厅的设计装饰赞不绝口，纷纷拍照留念。"独一居"餐厅在装饰上敢于以"独"取胜，既吸引人，又起到了很好的广告效应，这无疑增加了餐厅的竞争力。

创新是竞争的一种武器，创新力就是竞争力。21世纪，各行各业的竞争越来越激烈，要想在残酷的竞争中取得主动权，唯一的途径就是不断创新，将创新力转化成竞争力。创新力影响着企业的生存与发展，创新力决定着企业的竞争力。

在一座名城的大街上同时住着3个不错的裁缝。因为彼此离得太近，所以生意上的竞争非常激烈。为了能够压倒对方，吸引更多的顾客，裁缝们纷纷在门口的招牌上做文章。

一天，一个裁缝在门前的招牌上写上"本城最好的裁缝"，结果吸引了许多顾客光临。

看到这种情况，另一个裁缝也不甘示弱。第二天，他在门口挂出了"全国最好的裁缝"的招牌，结果同样招揽了不少顾客。

第三个裁缝非常苦恼：前两个裁缝挂出的招牌吸引走了大部分的顾客，如果不能想出一个更好的办法，很可能就要成为"生意最差的裁缝"了。但是，什么词可以超过"本城和全国"呢？如果挂出"全世界最好的裁缝"的招牌，无疑会让别人感觉到虚假，也会遭到同行的讥讽。到底应该怎么办？正当他愁眉不展的时候，儿子放学回来了。当他知道父亲发愁的原因以后，他给父亲出了一个令其拍案叫绝的主意。

第三天，前两个裁缝站在街道上等着看他们同行的笑话，但事情似乎超出了他们的意料。因为，很快，第三个裁缝的门前挂出了一个更加吸引人的招牌，上面写着"本街道最好的裁缝"。

在竞争日趋激烈的今天，要想成功就需要借助创新的思维方式。在上面的故事中，面对他人提出的全城和全国的"大气"，裁缝的儿子转了一个方向，利用街道的"小"来做文章，最终赢得了竞争的胜利。因为在全城或者全国，他不一定是最好的，但在街道的这个特定区域里，只有他是最好的，也是唯一的。

社会的变化是快速的，优胜劣汰的规则是无情的。要想在竞争中免于被吞噬，要想在竞争中独占鳌头，处于不败之地，就要逼着自己不断地创新，努力提升自身的创新力。因为，创新力就是竞争力。

创新是突破困局的唯一出路

柯特大饭店是美国加州圣地亚哥市的一家老牌饭店。由于原先配套设计的电梯过于狭小和老旧，无法适应越来越多的客流，于是，饭店老板准备改建一个新式电梯。他重金请来全国一流的建筑师和工程师，请他们一起商讨该如何进行改建。

建筑师和工程师的经验都很丰富，他们讨论的结论是：饭店必须新换一部大电梯。为了安装好新电梯，饭店必须停止营业半年时间。

"除了关闭饭店半年就没有别的办法了吗？"老板的眉头皱得很紧，"要知道，这样会造成很大的经济损失……"

"必须这样，不可能有别的方案。"建筑师和工程师们坚持说。

就在这时候，饭店里的清洁工刚好在附近拖地。听到了他们的谈话，他马上直起腰，停止了工作。他望着忧心忡忡、神色犹豫的老板和那两位一脸自信的专家，突然开口说："如果换了我，你们知道我会怎么来装这个电梯吗？"

工程师瞟了他一眼，不屑地说："你能怎么做？"

"我会直接在屋子外面装上电梯。"

工程师和建筑师听了顿时诧异得说不出话来。

很快，这家饭店就在屋外装设了一部新电梯。在建筑史上，这是第一次把电梯安装在室外。

把电梯装在室外，这个绝妙的创新点子成了突破困局的唯一出路。

生活总会碰到形形色色的问题，面对各种各样的困局。面对困局，人们会如何选择呢？有人会选择逃避，无法解决还不如选择不面对；有人会随便解决，有方法总比没方法强；有人则会找到最好的方法来解决，他们认为问题总会有最佳解决方案。第三种人无疑是最认真负责、勤于思索的人，因而也是最快找到解题捷径的人。

那如何才能找到最好的方法并用它来解决棘手的难题呢？创新无疑是至关重要的。很多时候，创新能帮助你解决问题，帮助你脱困。

1970年，韩国现代集团的创始人郑周永投资创建了蔚山造船厂，目标是造10万吨级超大油轮。很快，船厂就建起来了。但由于当时很多人对韩国人自己造这么大吨位的油轮持怀疑态度，因此几个月过去了，竟然连一个客户都没有。

这下可急坏了郑周永。因为建造船厂的大量资金用的是银行贷款，一旦长时间接不到订单，不仅银行的巨额资金无法归还，甚至会使自己陷入破产的境地。

该怎么办呢？郑周永冥思苦想。突然，他从自己收藏的一堆发黄的旧钞票中看到了一张500元纸币，纸币上印有15世纪朝鲜民族英雄李舜臣发明的龟甲船。龟甲船是古代的一种运兵船，当时李舜臣就是用它粉碎了日寇的侵略。

聪明的郑周永意识到这是一个绝好的机会，他一面叫人根据这张旧钞的内容印制了大量宣传品，一面拿着这张旧钞四处游说，宣传朝鲜民族在 400 多年前就已经具备了造船能力，因此现在完全有能力建造现代化大油轮。

　　经过反复宣传，郑周永很快拿到了两张 13 万吨级油轮的订单。

　　郑周永的创新不仅使自己的船厂绝处逢生，而且为国家争得了荣誉。从此，韩国步入了造船强国的行列。

　　困局往往会成为前进的绊脚石，但也是成功的转折点。面对困局，首先要冷静思考，然后找出问题的症结所在，最后再选择适当的解决方法。当面对困局百思不得其解时，一定要学会运用创新，因为这时创新可能就成为冲破困局的唯一途径。

思考力是创新力的核心，思考力的深度决定创新力的高度。观察力可以洞察创新时机。想象力是创新的源泉，是提升创新力的翅膀。多元思维能力可以综合利用各种思维方式，从不同角度系统地分析、解决问题，给我们开辟创新的捷径。

勤于思考才能善于创新

一天晚上，英国著名的物理学家卢瑟福走进实验室，看到一位学生仍坐在实验桌前，便问道："这么晚了，你还在做什么？"

学生答道："我在工作。"

"那你白天在干什么呢？"

"也在工作。"

"那么你早上也在工作吗？"

"是的，教授，早上我也在工作。"

于是，卢瑟福提出了一个问题："那么，你什么时候思考呢？"

学生看了看他，无言以对。

在我们的周围不乏刻苦认真的人，但他们的成绩就是上不去；也有许多人，他们工作非常勤奋，但也没什么太大的成就；许多人做事非常努力，但就是赚钱不多，囊中羞涩；许多学者埋头苦干，实验无数，但就是没有创新，无所突破……虽然他们的原因各异，但缺乏正确的思考方式无疑是其中非常关键的一个原因。

人的思想有了不起的能量。任何创新的成果都是思考的馈赠，人世间最美妙绝伦的就是思考的花朵。思索是才能的"钻机"，思考是创新的前提。因此，潜心思考总是为创新家所钟情。

"书读得多而不思考，你就会觉得你知道的很多；而当你读书多的同时思考得也多的时候，你就会清楚地看到你知道的还很少。"这是哲学家伏尔泰的体悟。

"学习知识要善于思考、思考、再思考，我就是靠这个学习方法成为科学家的。"爱因斯坦如是说。

牛顿敞开心扉："如果说我对世界有些微贡献的话，那不是由于别的，只是由于我的辛勤耐久的思索所致。"

思想家狄德罗坦言自己的治学之道："我有三种主要的方法：对自然的观察、思考和实验。用观察搜集事实，思考把它们结合起来，实验则来证实组合的结果。对自然的观察应该是专注的，思考应该是深刻的，实验则应该是精确的。"

周恩来也盛赞思考的力量："思之，思之，神鬼通之。"

将一半时间用于思考，一半时间用于行动，无疑是人才的创新之道。不懂得运用思索这一"才能的钻机"的人，难以开掘出丰富的智慧矿藏；不善于思考的人，不能举一反三、触类旁通，享受创新的乐趣。赢得一切、获取成功的关键，就在于你能不能积极地思考、持续地思考、科学地思考。

在工作中，要战胜困难，达到理想的效果，深思熟虑是不可缺少的条件。在科学、艺术创造中，在规划方案、产品设计、经营运筹中，在理论体系的构筑中，思考同样具有不可替代的功能。

下面事例的主人公就是一个善于思考、最终摘取创新果实的成功者。

对于"洁厕精"，可能每个人都不陌生，别看它普通，这可是家家户户必不可少的日用品。但很少有人知道，有一种畅销全国的"洁厕精"，其发明者是一个只有初中文化的下岗工人。

几年前，由于这名工人所在的工厂被兼并，这个壮实的汉子突然间成了下岗工人。由于无事可做，他只能在家里待着，时间一长，难免有些心烦。

一天，家里的坐便器堵了，左弄右弄，排泄物就是不下去。他十分恼火，甚至有将坐便器砸了的冲动。

待他冷静下来，他开始想：我堂堂一个男子汉，怎么能被这样的小事难住？接着他又想：我遇到的问题，其实千万个家庭每天也会遇到，既然那么多人需要解决这个问题，为什么不在这上面想想办法、做点文章呢？

想到就立即做，他一头扎进自己的小屋，闭门不出，开始努力思考，潜心钻研。

对于只有初中文化的他来说，要解决这样的问题并不是件容易的事，但他没有放弃，而是不分日夜反复试验。经过很多次失败后，突然有一天，试验成功了，他研制出了专门用于厕所除垢、下水道疏通的化学制剂"洁厕精"和"塞通"。

这项发明属国内首创，获得了技术专利，这名工人还用自己的房间号为产品申报了商标"406"。之后他向妻子借来几万元私房钱，开了一家公司，产品很快供不应求。

谈起自己的创业史，这名下岗工人得意地笑称自己是"厕所里淘黄金的人"。他就是温州人王麟权。

一个善于创新的人，不仅善于从问题中发现机会，而且善于从问题着手，勤于思考，最终找到解决问题的方法。

我们要想成为一个成功的创新者，就必须承认思考的价值，充分挖掘思考的力量，养成勤于思考的习惯。做到这些，相信你最后一定可以成为善于创新的创新者。

观察力，可以培养的力量源

观察，人人都会，但要形成观察力，还需要正确、灵活的观察方法。否则那只是"走马观花"式的观赏，根本不会培养成强大的力量源。

要想培养观察力，我们就应该学会从不同的角度去观察所看到的对象。任何片面或主观的观察方式都不利于掌握事物的本质特征，得到客观而正确的结论。我们通常所用的观察方法有两种：一种是从全局的角度去观察事物，另一种则是从局部特征去观察事物。这两种观察事物的方法是培养观察力必不可少的途径。

总揽全局的观察方法，就是要能从繁杂的事物中迅速观察到其中最本质的东西，从而把握住事物演变的脉络。

局部观察是把被观察对象的各种特性、各个方面或各个组成部分一一分解开来，认真进行观察。这样的观察可以使人们对事物了解得更加精确。例如，观察圆柱体：这个物体是什么形状？有几个底面？底面是什么形状？有几个侧面？侧面展开是什么形状？两个底面之间距离相等吗？通过这样的解剖观察后，就能掌握圆柱体的主要特征：圆柱的底面是相等的圆，它的侧面展开是一个长方形。

某些事物还需要把全面观察和局部观察结合起来，从整体到局部、从宏观到微观进行观察。两种观察方法结合利用更容易掌握事物的本质。灵活运用观察法，是培养观察力的根本要求。

鲁迅先生写《阿Q正传》时，写到阿Q赌钱的时候写不下去了，因为鲁迅先生不会赌钱。于是他请了一位叫王鹤照的人来表演。这个人十分熟悉绍兴的平民生活，他将自己了解的押宝、推牌九和赌牌时的情景，津津有味地讲给鲁迅先生听，高兴之处还哼起了赌钱时人们惯唱的小曲儿，绘声绘色，十分热闹。鲁迅先生像学生听老师讲课一样，仔细地观察着，认真地做着记录。后来他动手写作时，就把这些调查来的素材融进了作品。于是，阿Q赌钱时的生动场面才呈现在读者面前。

鲁迅进行创作并不是道听途说，而是实事求是地进行了认真细致的观察，这种正确、可行的观察便是他观察力的体现。最后，鲁迅的观察力便形成了不朽的文章《阿Q正传》的强大力量源。

观察不仅要用眼睛看，还要和思考结合起来。只有观察和思考结合起来，才能形成观察力，才能有所发现和创造。

我们来看下面一个事例：

世界上第一个发明导尿术的人，是我国唐代著名医学家孙思邈。孙思邈少时因病学医，他总结了唐以前的临床经验和医学理论，收集药方、针灸等医疗方法，写成了《千金药方》《千金翼方》。他不仅在医学上有较大贡献，而且博涉经史百家学术，是个苦心钻研、细心观察、勇于实践的大学问家。

一天，一个患了尿潴留的病人由于排不出尿来，肚子胀得疼痛难忍。生命危在旦夕，家人恳求孙思邈赶快救救他。孙思邈诊察了病情，知道吃药已来不及了。他沉思着，心想：尿流不出来，怕是管排尿的口子不通。如果想办法用根管子插进病人的尿道，也许能使病人把尿排出来。可是，到哪儿去找这种又细又软的管子呢？正在孙思邈为难之际，恰好看到邻居一小孩拿着一根烤热了的葱管吹着玩。善于观察思考的孙思邈灵机一动：不妨用葱管来试一试。他马上找来一根细葱管，切去尖的一头，小心翼翼地插进病人的尿道里，再用力一吮，尿果然顺着葱管流了出来。病人得救了！现在医院里为病人导尿的胶皮管就是由葱管演化而来的。

孙思邈如果看到葱管不进一步思考，他就不可能发明导尿术。由此可见，观察只有和思考结合起来，才能找到发明创造的奥秘。

生活中无论工作还是学习，都需要掌握正确的观察法，学会从不同角度进行观察，并在观察过程中进行思考，这样才能将观察培养成观察力。拥有了这种观察力，我们就拥有了改造事物的力量源。

想象力是创新的源泉

老师问幼儿园的小朋友："花儿为什么会开放啊？"

一位小朋友说："花儿睡醒了，想出来看太阳。"

另一位小朋友说："花儿想跟小朋友比一下，看谁的衣服漂亮。"

还有一位小朋友说："太阳出来了，花儿想伸个懒腰，结果把花朵顶开了。"

也有小朋友说："花儿想听听小朋友唱什么歌。"

小朋友的思维中蕴含着无穷的创意、无边的想象。想象是人类独有的一种高级心理功能。它是在现实形象的基础上，通过大脑的回忆、加工和新的综合，创造生成新的形象的心理过程。通过想象，我们能把世界上许多事物联系起来，使我们的认识不再受时间和空间的限制，从而创造出一个更为广阔的世界。

爱因斯坦告诉我们："想象力比知识更加重要，因为我们了解的知识终归是有限的，而想象力却能包含整个世界，以及我们的未来和我们将来能了解的一切。"

著名的理论物理学家、1969 年诺贝尔物理学奖得主盖尔曼曾经说过："作为一个出色的理论物理学家，想象力很重要。一定要想象、假设！也许事实并不是这样，但是这样可以使你接着往前研究。"

牛顿说："没有大胆的猜测，就得不出伟大的发现。"

黑格尔说："想象是最杰出的艺术本领。"

科学发现、技术发明等创造性活动都离不开想象力。只有开启想象的闸门，才能有力地伸展它的双翼，才会让我们的思想飞到成功之巅。

有人曾用一个形象的比喻来说明想象力在创新活动中的作用：创新活动犹如矫健的雄鹰，客观实际是这只雄鹰的躯体，想象力则是它的翅膀。雄鹰是因为有了翅膀才能振翅于高空，漫游于天际的。

想象力对于创新活动的影响是巨大的，它是创新的源泉。

法国著名作家儒勒·凡尔纳表现出的惊人想象力被许多人所熟知。他在无线电还未发明之前就已经想到了电视，在莱特兄弟制造出飞机之前的半个世纪已想到了直升机和飞机。什么坦克、导弹、潜水艇、霓虹灯等，他都预先想象到了。他在《月亮旅行记》中甚至讲到了几个炮兵坐在炮弹上让大炮把他们发射到月亮上。据说齐尔斯基——宇宙航行开拓者之一，正是受了凡尔纳著作的启发，才去从事星际航行理论研究的。

俄国科学家齐奥科夫斯基青年时代就被人们称为"大胆的幻想家"，他把未来的宇宙航行分成 15 步。值得惊叹的是，在齐奥科夫斯基做出这一大胆的幻想的时候，莱特兄弟的飞机还尚未问世。当时除了冲天鞭炮以外，世界上没有什么火箭。更加令人吃惊的是，许多想象通过近几十年的航空、航天技术的发展已经成为活生生的现实。也就是说，由于火箭、喷气式飞机、人造卫星、阿波罗登月计划、航天轨道站以及航天飞机的相继成功发明，齐奥科夫斯基的前 9 步都已基本实现。

早在齐奥科夫斯基的论文《利用喷气机探索宇宙》发表前 30 年，凡尔纳就发表了《从地球到月球》《环绕月球》等科学幻想小说，提出了飞向月球的大胆设想。他想象在地球上挖一个 300 米深的发射井，在井中铸造一个大炮筒，把精心设计的"炮弹车厢"发射到月球上去。他甚至选择了离开地球的最近时刻，计算了克服地心引力所需要的速度以及怎样解决密封的"炮弹车厢"的氧气供给问题，这些对宇航研究很有启发。科学的发展以想象为先导，人们通过想象在头脑中拟定研究过程的伟业和蓝图，借助于想象在头脑中构成可能达到的预期结果。正是通过齐奥科夫斯基和凡尔纳丰富的设想，为人类登上月球在思维创造上开辟了道路。

韩信是汉朝著名的军事将领。有一天，汉高祖刘邦想试一试韩信的智谋。他拿出一块 5 寸见方的布帛，对韩信说："给你一天的时间，你在这上面尽量画上士兵。你能画多少，我就给你带多少兵。"

站在一旁的萧何心想：这一小块布帛，能画几个兵？于是他暗暗为韩信捏了一把汗，不想韩信毫不迟疑地接过布帛走了。

第二天，韩信按时交上布帛。刘邦一看，上面一个兵也没有，却不得不承认韩信的确是一个胸有兵马千万的人才，于是把兵权交给了他。

那么韩信在布帛上究竟画了些什么呢？

原来，韩信在上面画了一座城楼，城门口战马露出头来，一面"帅"字旗斜出。虽没见一兵一卒，却可想象到千军万马之势。韩信的过人想象力由此可见一斑。

在一场绘画的测试中，题目是要求考生们在一张画纸上用最简练的笔墨画出最多的骆驼。当答卷交上来时，评审发现，很多考生都在纸上画了大量的圆点，用圆点表示骆驼。但这些画都被认为缺乏想象力，因为其作画的思路都是：尽可能画更多的骆驼。而无论在纸上画多少圆点，其数量都是有限的。

唯独有一位考生的画纸上与众不同：一条弯弯的曲线表示山峰和山谷，画上有一只骆驼从山谷中走出来，另一只骆驼只露出一个头和半截脖子。谁也不知会从山谷里走出多少只骆驼，或许是一个庞大的骆驼群。因而，这位考生当之无愧夺得了冠军。

想象是创新的先导，是智慧的翅膀。想象力是人类特有的天赋，是一切创新活动最伟大的源泉，是人类进步的动力。假如你的创新之河即将干涸枯竭，那么，就请展开你的想象力吧，它将会使其奔流不息。

多元思维能力让创意层出不穷

多元思维是同时以多种不同组分作为思维元素的思维。在实践中，由于人们面临问题的复杂性和多样性，必须把不同类型的思维元素融合起来，应用多元思维，进一步发挥人的思维的能动性与创造性。从思维元素的角度来看，多元思维不是某一单个的元素的运用，而是围绕着一定的问题形成的元素的集合。

多元思维能力不是特指某种思维能力，而是多种思维元素的思维水平（已有的认识高度）、思维方法（归纳、演绎、推理等方法的运用）、思维品质（思维的目的性与系统性、灵活性与敏捷性、广阔性与深刻性等）的综合体现。多元思维能力侧重的是综合利用各种思维方式，从不同角度系统分析、解决问题的能力。

充分发挥多元思维能力，进一步提升思维创新力，你会发现你的创意就像雨后春笋般不断涌现。

米多尼公司是生产创可贴的专业厂家。由于这种橡皮膏生产工艺简单，所以市场竞争十分激烈。眼看着自己的市场占有率不断下降，米多尼的老板愁眉不展、苦思良策，终于想出了一个新招——注入情感销售。

很快，一种名为"快乐的伤口"的新式创可贴在市场上出现了。受伤本是痛苦的事，何来"快乐"？待看过新产品的包装式样，你便会惊叹这创意的新奇了。新式创可贴摒弃了传统产品的肉色色彩，一反常态地采用了鲜艳的桃红、橘黄、翠绿、天蓝等花哨的颜色。外形也不再是单调的条状，而是采用了心形、五星形、十字形和香肠形等，还在上面印上了"花头巾""好疼啊""我快乐极了"等幽默动人的文字，让人看了忍俊不禁。这种带有情感色彩的创可贴一经推出，求购者十分踊跃，孩子们对新创可贴更是钟爱，据说还有的孩子为了贴上这种创可贴故意弄破皮肤呢！"快乐"创可贴在不到一年的时间里就售出 830 万盒，销售额高达 15 亿日元，令那些墨守成规的竞争对手们目瞪口呆。

"快乐的伤口"产生的过程得益于米多尼老板的多元思维能力：由痛苦想到快乐，他运用了逆向思维；由单一颜色想到多种颜色，由固定外形想到各种外形，他运用了发散思维；由枯燥的造型到添加各种色彩、图形、文学元素，他运用了形象思维……

总之，正是多元思维能力让米多尼创意层出不穷，开辟了创可贴的新市场。

1956 年，在苏联共产党的一次代表大会上，赫鲁晓夫作了秘密报告，揭露、批判了斯大林肃反扩大化等一系列的错误。由于赫鲁晓夫曾经是斯大林非常相信和器重的人，很多人都心怀疑问：既然你早就认识到了斯大林的错误，那么你为什么早先从未提出过不同意见？

后来，在又一次党代会上，赫鲁晓夫再次批判斯大林的错误，有人便从听众席上递上去一张条子。赫鲁晓夫打开一看，上面写着："那时候你在哪里？"

这是一个非常尖锐的问题，赫鲁晓夫很难回答，但又不能回避这个问题。他的脑子飞快地转着，冒出了许多种处理办法，很快便有了主意。只见他拿起条子，大声念了一遍条子上的内容，然后望着台下，大声喊道："这是谁写的条子？请你马上站出来，走上台。"

没有人站出来，所有人的心怦怦地跳着，不知赫鲁晓夫要干什么。写条子的人更是忐忑不安，后悔不该写这张条子。

接着，赫鲁晓夫又大声重复了一遍他的话，可还是没有人站出来。

几分钟过去了，赫鲁晓夫平静地说："好吧！我告诉你，我当时就坐在你现在的那个地方。"

我们暂且不评判赫鲁晓夫的政治立场问题，从上面这个例子中我们看到的是他丰富灵活的多元思维能力：关键时刻想到解决问题的策略，他得益于灵感思维；将自身的问题抛给写字条的人来回答，他用到了换位思维；不正面回答尖锐的问题，他用到了侧向思维……最终他变被动为主动，既回答了问题，又避开了针锋相向的尴尬局面。他的这种思维能力产生的创意点子闪耀着智慧的火花，让人不禁叫好。

所以，一定要重视你的多元思维能力。它会让你的创意层出不穷，成为一个创意天才。

人们的意识中往往存在着思维定式。从众心理、迷信权威、相信经验、照搬教条等，都是思维定式的典型。思维定式使我们变得盲从、浅见，变得保守、落后。只有突破思维定式的束缚，迈出旧有的圈子，踏上创新的征程，才能向更高的人生境界迈进。

真理往往掌握在少数人手里

不论生活在哪种社会、哪个时代，最早提出新观念、发现新事物的总是极少数人。而对于这极少数人的新观念和新发现，当时的绝大多数人都是不赞同甚至激烈反对的。为什么会这样呢？

因为每个社会中的大多数人都生活在相对固定化的模式里，他们很难摆脱早已习惯了的思维框架，对于新事物、新观念总有一种天生的抗拒心理。比如，哥白尼反对传统的"地心说"而提出"日心说"，主张地球绕着太阳转。这种学说首先遭到了普通民众的反对。因为过去的"地心说"给人以稳定安全的感觉，而"日心说"会使普通民众感到惶惶不安——脚下的大地不停地转动，我们地面上的人岂不是要被甩出去了吗？地球要转到哪里去呢？转动的地球是一幅多么可怕的图景啊！……

但科学证明，哥白尼的"日心说"是正确无误的。

古今中外，一切创新一开始都是对抗世俗的，是不被大众所接受的。布鲁诺宣扬"日心说"而被天主教会判处火刑；提倡"社会契约论"的卢梭则东躲西藏，终生不得安宁；马寅初因提出控制人口，被公开批判了几十年……

所以，创新需要有承担风险、接受嘲笑和批判甚至流血牺牲的心理准备。当真理不被认识的时候，要有坚持下去的勇气。

真理的发现总是伴随着排斥、责问、惩罚等磨难，这就要求我们要顶得住社会舆论的重重压力和批判，在大众无法理解甚至不断排挤的心态下坚持己见。经过或短或长的时间，相信这些真理必然会被慢慢传播出去，普及开来，为大众所接受，最终赢得胜利的曙光。

日本有一家纺织公司的董事长，名叫大原总一郎，他曾提出一项维尼纶工业化的计划。但是，这项计划在公司内部遭到普遍反对。大原总一郎不屈不挠，坚持推行自己的原定计划，终于大获成功。他父亲经常对他说："一项新事业，在十个人当中，有一两个人赞成就可以开始了；有五个人赞成时，就已经迟了一步；如果有七八个人赞成，那就太晚了。"

为了适应日益激烈的社会竞争，提高自己独立创新的思考能力，我们必须削弱思维从众倾向，克服从众心理，要充分认识到"真理往往掌握在少数人手中"的道理。在对新情况、新问题进行思考的时候，应本着开放的思想，不必过多地顾忌多数人的意见，不必以众人的是非为是非，这样才能真正打开封闭心理、开阔思路，获得新事物、新观念，最终取得成功。

杰出的德国气象学家魏格纳，发现大西洋两岸的地形非常相似，如果把它们并在一起，几乎不留什么空隙。于是在 1912 年，他提出了大胆的假说："地球上最初只有一块原始大陆，现在的各块大陆是原始大陆碎裂漂移的结果。"他的"大陆漂移说"是如此新奇，致使当时很多地质学家都认为它是荒唐可笑的。后来由于物理探测技术的发展，才使"大陆漂移说"在现代地质学中确立了应有的地位。

当我们经过实验证明自己的发现、研究成果是正确的时候，我们要勇于做一个"掌握真理的少数人"。当我们置讥讽、挖苦、嘲笑于不顾，始终进行不屈不挠的努力，坚持做那少数中的一员时，我们才会点燃创新的火炬！

你需要挑战权威的勇气

挑战权威不是说出来的，而是做出来的。挑战权威的人可能会遭到权威的打压和权威拥护者的反对，因而，挑战权威需要勇气。

16 世纪的欧洲，研究科学的人都信奉亚里士多德，把这位 2000 年前的希腊哲学家的话当作不容更改的真理。谁要是怀疑亚里士多德，人们就会责备他："你是什么意思？难道要违背人类的真理吗？"

可是，伽利略却敢于"冒天下之大不韪"，大胆质疑亚里士多德的"物体下落的速度和重量成正比"的论断。1590 年，年轻的伽利略登上比萨斜塔的最高层，面对塔下人群热切的目光，自信地松开托球的双手，两只重量不同的铁球以相同的速度迅速地向下坠落，同时砸在地面上。伴着铁球撞地的响声，一个大胆挑战权威的真理诞生了，塔下响起了如雷鸣般的掌声！

在权威的"丰碑"面前，很多人会不由自主地失去挑战和超越的勇气："那么多权威和专家都没能成功，就凭我，能行吗？"

但一个真正有勇气的人，不会这么想。只要具有挑战权威的勇气，普通人也能取得辉煌的成绩。

电视剧《大长今》中的主人公长今就是一个勇于挑战、总是会有超出常规想法的女孩。正因如此，她从一个被放逐的罪人做到皇帝最信任的御医。

《大长今》中有这样一段故事：

百本对人体的药效极好，几乎所有的汤药之中都要加入百本。早在燕山君时代，百本种子就被带回了朝鲜，其后足足耗费了 20 年的时间，想尽各种办法栽培，可是每次都化为泡影。

当时在多栽轩有资历的御医告诉长今，朝鲜的土壤不适合种植百本。

但是得知百本的价值以后，长今决定要成功种植百本。

多栽轩的人听后说："百本种植了 20 年都没有成功，你怎么可能种植成功呢？"

长今心中不服气：朝鲜真的不适合种百本吗？他们没有试过怎么知道不可以呢？

她开始了不断地尝试和探索。她不仅一遍遍地用不同方法种植，而且开始翻阅所有关于百本与种植方面的书。

经过不懈努力，长今终于成功地种植出了百本，创造了种植百本的方法，攻破了这个 20 年都没有人攻破的难题。

长今的成功是因为她没有盲目接受资深的御医的思想，没有轻信权威人士的劝告。所有关于百本不适宜种植的惯性思维在她这里停止，并拐了一个180度的弯。

无论是"权"还是"威"，都让人既感到压迫又无比威严。在大多数人眼里，权威给出的结论就是盖棺定论。但事实上，权威并不见得就完全正确，也不意味着高不可攀。权威只说明暂时还没有人走得比他远。

所以，鼓起你挑战权威的勇气吧，你可能比任何人都走得更远。

不要笃信"经验之谈"

我们先来看下面一个小故事：

艾伯特·卡米洛是一个著名的心算家，他的心算既神速又准确。多年以来，他从来没被难倒过。在一次心算擂台挑战会上，一位先生上台出题，想要挑战这位心算家。他的题目是这样的：

"一列火车，载有823位旅客进站，下去50人，上来72人。"

心算家心想：这也算挑战的题目？他轻蔑一笑，正欲说出答案，却被挑战者的补充内容打断了。

"在下一站，上来51人，下去85人。"挑战者像是故意搅浑水，想打断心算家的思路，他一口气连续报题：

"下一站下去34人，上来32人；再下一站上来97人，下去45人；再下一站上来19人，下去2人；再下一站上来123人，下去75人。"

"完了吗？"心算家心想：这种小儿科的题目也拿来出丑？

"没说完。"挑战者认真地说了一通："火车继续开，下一站上来42人，下去78人；再下一站下去87人，上来55人……"

台下的观众也开始觉得烦了。

"好了，我的题目说完了。"挑战者说道。

心算家闭上眼睛，得意地说："那好，你是马上就想知道结果吗？"

"是的，不过我对车上还有多少人没兴趣，我只想知道这列火车一路上到底停靠了几个站？"

"啊？！"心算家愣住了，他的脑袋一片空白。

读完这个故事，你有什么感悟？在故事开头，你认为这位挑战者的问题是什么？你是否像那位心算家一样，以为是问列车上还有多少人？

其实这并不奇怪，绝大多数人都会这么想，因为过去的经验告诉人们，在那样的情境之下问题应该是那样。但事实是，恰恰是过去的经验让心算家输掉了这轮比赛。所以，与其说他是输在挑战者手里，不如说是输在自己以往的经验中。

不可否认，经验有时真是个好帮手，它帮我们迅速绕过潜在的困难，快捷地达到目标。俗话说："不听老人言，吃亏在眼前。"因而，人们往往相信经验。

我们可以借鉴经验，但不要"笃信"经验。因为经验具有时间、空间和主体的狭隘性，还有很多不确定因素。这要求我们在参考前人的经验时，最好也加上自己的求实精神。在听取经验之谈后，先用发展的眼光去验证和判断，然后再去运用，这样才能避免不必要的损失发生。

一个人一天中有95%的行为是由习惯支配的。所以，如果我们想提升创新力，就必须用好习惯的力量。好习惯一经形成，就会形成一股无穷的推力，帮助创新力加速提升；而坏习惯却会阻碍创新力的提升。尝试着改变一种习惯，就能帮助你实现创新性突破。

改变一种习惯，实现一种突破

俗话说："积习难移""习惯成自然"。在对自己行为的支配中，习惯的力量比任何理论原则的力量来得更大。一切理论原则和行为准则在成为习惯之前，都不见得能够让我们始终如一地去信守它。只有在成了习惯之后，它才能在行为中巩固下来。所以，不要轻视任何一个习惯，即使它再小，一旦养成，也不会容易消失，甚至还会影响到更多的习惯，进而影响整个命运。

在日常生活中，对一些既定的习惯我们总是习以为常，没有察觉。我们若能针对习惯做一些改变，也许会带来新鲜的感受，实现创新性的突破。这些改变可以从最小的地方做起，最简单的便是练习用左手拿筷子。我们平常都是用右手拿筷子夹菜吃饭，如果换成左手，会有什么感受？另外，我们平常双手交叉合十的时候，是不是总习惯把右手的拇指搭在左手的拇指上面？再试一次，这次尝试着把左手拇指搭右手拇指上面，感觉会怎样？是不是有一种很新奇的感觉？

我们还可以改变另外一些习惯，比如平常习惯坐公交车上班，可以改为提前一站下车走路，或者换不同路线的公交车，回家时也可以试着走不同的路。在平常的工作习惯中，是不是可以交换一下工作程序的顺序，将星期一早上九点的例会改到星期五下午四点，让大家在周末的放松之前对开会有更高的期待。

尝试改变一种习惯，无论是好习惯还是坏习惯。挑战习惯，不要时时被习惯牵着走。这样，你一定能获得创新的感受，很多非惯性的创意就是这时候产生的。

英国是一个高福利和高薪制国家，只要能找到工作，一般都能拿到理想的工薪，但要找工作却不是一件易事。有一位 22 岁的年轻人，是名牌大学的高才生，大学毕业后一直找不到工作。尽管他有一张大学新闻专业的文凭，但在竞争激烈的人才市场上经常碰得头破血流。

为了找到一份合适的工作，这位年轻人从英国的北方一直到首都伦敦，几乎跑遍了全国。一天，他走进《泰晤士报》编辑部，鼓足勇气，非常有礼貌地问道："请问，你们需要编辑吗？"

对方看了看这位貌不出众的年轻人，不冷不热地说："不要。"

他接着又问："需要记者吗？"

对方回答："也不要。"

年轻人没有气馁："排版工、校对呢？"

对方已经不耐烦了，冷冷地说："你不用再白费口舌了，我们这儿现在不缺人手。"

年轻人微微一笑，从包里掏出一块制作精美的告示牌交给对方，说："那你们肯定需要这块告示牌。"

对方接过来一看，上面写着漂亮的钢笔字："名额已满，暂不招聘。"

这大大出乎招聘人的意料。负责招聘的主管被年轻人真诚而又聪慧的求职行为所打动，破例对他进行了全面考核。结果，他幸运地被报社录用了，并被安排到与他的才华相应的对外宣传部门工作。

事实证明，负责招聘的主管没有看错人。20年后，年轻人已经成了中年人，同时也成了《泰晤士报》的总编。这个人就是生蒙，一位资深且具有良好人格魅力的报业人士。

生蒙是一个聪明人。他知道在竞争激烈的英国如果按传统的习惯去求职，肯定会碰得头破血流。所以，他把求职习惯做了小小的改动，只不过在求职结尾加了一个"名额已满，暂不招聘"的告示牌，就让他创造性地获得了英国王牌大报社的工作，实现了求职惯性的突破。

无论工作还是生活，我们可以经常尝试着改变一种习惯，创新性的突破说不定就在改变习惯的一刹那出现。

行动力证明创新力

"昨天晚上，机会来敲我的门。当我赶忙关上报警器，打开保险锁，拉开防盗门时，它已经走了。"这句话的寓意是：做事不应有太多的顾虑，否则容易失去成功的机会。

生活中有太多的人在决定做一件事前总是冥思苦想，顾虑重重。当创新的机遇来到面前他还在想"它是属于我的吗？我能用好它吗？"迟迟不敢行动，结果白白浪费了许多时间和精力。

古时候有一个和尚决定要到南海去，但他身无分文，况且路途遥远，交通又极不方便。然而他没有被这些困难吓倒，他只有一个信念：我一定要到南海去。

于是他沿途化缘，一步一步往南海的方向迈进。路过一个村庄时，他碰到一个富和尚，富和尚问他："你化缘干什么？"

穷和尚回答："我要去南海！"

富和尚不由得哈哈大笑起来："凭你也想到南海？我想到南海的念头已经好几年了，但一直因准备不充分，没有实现这个愿望。像你这样贫困的人，还没到南海，说不定不是累死就是饿死了，还是找个寺庙安稳度日吧！"穷和尚不为所动。几年以后，穷和尚从南海返回，又路过这个地方，这时富和尚还在准备他的南海之行。

富和尚就是那种只善于高谈阔论的空想家。即使他财富再多、准备再充分，如果他一直把南海之行放到"有朝一日"的空想中去，那么，南海于他也永远是一个梦。而穷和尚就是不等待，用行动证明一切的实践家。虽然他身无分文，但他相信只要敢于行动就会创造机会。路途遥远且交通不便，这些困难都被穷和尚用行动的脚步一一跨过，创造了一个和尚和钵遥行南海的奇迹。这个故事告诉我们，只要付诸行动，就能收获创新之果。

美国著名企业家、戴尔电脑公司总裁迈克尔·戴尔总喜欢这样说：

"如果你认为自己的主意很好，就去试一试！"行动力证明创新力，戴尔自己也正是因此成为企业巨子，他所经营的企业曾是美国第四大个人电脑生产商。

立即行动是一种好习惯。奥里森·马登说过："把梦想变为现实，一定要做3件事：第一，使目标具体化；第二，集中精力，全力以赴；第三，付诸行动。"凡创新者，都善于当机立断，一旦决定就全力以赴。而最消磨意志、摧毁创新力的事情，莫过于有了目标而不开始行动。一个目标明确、胸有成竹、充满自信的人，绝不会把自己的计划拿出来与别人反复讨论，除非他遇上了比他见识高得多、比他能力强得多的人。他有主见，迫切需要行动。他不会在徘徊观望中浪费时间，也不会在挫折面前气馁，只要做出了行动的决定就勇往直前，因为他知道：行动力证明创新力。

懒惰磨损了创新力

懒惰是一种堕落的、具有毁灭性的东西，是一种精神腐蚀剂。因为懒惰，人们不愿意付出；因为懒惰，人们不愿意去战胜那些完全可以战胜的困难；因为懒惰，人们身上的创新力在被一点点磨损。

世界巨富比尔·盖茨曾说："懒惰、好逸恶劳乃是万恶之源，懒惰会吞噬一个人的心灵和潜在能量。就像灰尘可以使铁生锈一样，懒惰可以轻而易举地毁掉一个人，乃至一个民族。"

亚历山大曾说过："没有什么东西比懒惰和贪图享受更容易使一个民族奴颜婢膝的了，也没有什么比辛勤劳动的人们更高尚的了。"

世界上很多人都具有这个特点。他们总想尽力享受劳动成果，不愿从事艰苦的劳动。懒惰、好逸恶劳这种本性在一些人的思想中是如此的根深蒂固，以至于他们为此付出了沉重的代价；而只有那些有着坚强的毅力，能坚持与惰性奋战的人才能获取创新成果。

以前有两个乡下人，一个做事很勤奋，另一个很懒惰。二人相约一同来到一座大城市，都选择了卖肉，并且在一个市场上，摊儿还挨着摊儿。可几年之后，结果却是天壤之别。一个开创了自己的事业，成了肉联批发商，手里有上百万的资金。另一个因生活无着落，只能回到乡下。创新说起来好像十分遥远，但事实上就只差那么一点点。就两个卖肉的人而言：勤奋者每天卖肉，不但只卖新鲜肉，而且创造性地将肉分类，每天都要拿出一点时间把不干净的和没有达标的肉统统去掉，给消费者一种放心感；懒惰者却从来没有理会过这一点，他懒洋洋的，从来都是为自己考虑，而且总觉得把肉弄干净是消费者的事。勤奋者总是把肉摊儿收拾得井井有条，把肉码放得整整齐齐，还创造性地用饰品装扮了肉摊，让人看着就舒服；懒惰者只是把肉往地上一摊，爱怎样就怎样！勤奋者每天要多卖半小时，尽力全部卖出；懒惰者认为无所谓，今天卖不动，还有明天。就是这些细微的差异，天长日久，两个乡下人，一个在城里站住了脚，改写了自己的命运，一个只好回到乡下，回到原点。

那个懒惰者出身和勤奋者一样，且与勤奋者处在同一起跑线上，结果却因为懒惰断送了他的前程。懒惰不断磨损他的锐气，麻痹他的头脑，最终将他成功的意志消磨光了。

很久很久以前，有两个朋友相伴一起去遥远的地方寻找人生的幸福和快乐。他们一路上风餐露宿，在即将到达目的地的时候，遇到了一条风急浪高的大河，而河的彼岸就是幸福和快乐的天堂。关于如何渡过这条河，两个人产生了不同的意见。一个建议采伐附近的树木造一条木船渡过河去，另一个则认为无论哪种方法都不可能渡得了这条河。与其自寻烦恼和死路，不如等这条河流干了，再轻轻松松地走过去。

于是，建议造船的人每天砍伐树木，辛苦而积极地制造船只，并顺带着学会了游泳；而另一个则每天躺着休息睡觉，然后到河边观察河水流干了没有。直到有一天，已经造好船的人准备扬帆渡河的时候，另一个人还在讥笑他的愚蠢。

不过，造船的人并不生气，临走前只对他的朋友说了一句话："做一件事不一定成功，但不去做这件事则一定没有机会取得成功！"能想到等河水流干了再过河，这确实是一个"伟大"的创意。可惜的是，这仅仅是个注定永远失败的"伟大"创意而已。

这条大河终究没有干，那位造船的朋友经过一番风浪最终到达了彼岸。两人后来在这条河的两岸定居了下来，都衍生了自己的子孙后代。渡过河的一边叫幸福和快乐的沃土，生活着一群我们称为勤奋和勇敢的人；等河干的一边叫失败和失落的原地，生活着一群我们称为懒惰和懦弱的人。

英国圣公会牧师、学者、著名作家伯顿给世人留下了一本书《忧郁的剖析》，在书中他说道："懒惰是一种毒药，它既毒害人们的肉体，也毒害人们的心灵。"读完上面这则故事，你明白有的人为什么得不到幸福和快乐了吗？因为他们中了懒惰的"毒"，懒惰掌握了这些人的身心，致使他们失去了为幸福和快乐奋勇开拓、创新进取的精神。

懒惰是一个恶魔，它会一点点吞噬我们的创新力。所以，追求成功的人们，好好检查一下自己身上到底有没有"懒惰"这种东西，有的话请赶紧卸下它，远离它。

轻言放弃会把创新推离自己

在我们的生活当中，尝试创新的人有很多，但能获得创新成功的只有少数人。究其原因，绝大部分是那些人轻言放弃、半途而废。创新的道路不可能一帆风顺，一些人习惯遇到困难就打退堂鼓，这样的人很容易被坎坷和挫折打倒，做事有始无终，最后一事无成。

在美国西部的"淘金热"中，有一个人挖到了金矿。他高兴极了，心想这下自己的好运气来了。可是后来矿脉突然消失了。他继续挖掘，但努力仍归于失败。他决定放弃，在把机器便宜卖给一位老人后坐火车回家了。这位老人请了一位采矿工程师，在距原来停止开采的地下三尺处挖到了金矿，净赚了几百万美元。

前面那个人就是典型的轻言放弃者。在遇到困难、看不到希望的情况下，他轻易地放弃了，把创新成功的机会推离了自己。

放弃，这是那些失败者永远失败的原因。在困难与挫折面前，他们往往"溃不成军""弃甲而逃"。而成功者绝不轻言放弃，即使在逆境中，他们也会咬紧牙关，坚持到底。可以说，人生的较量就是意志与智慧的较量，轻言放弃的人注定不会成功。

20 世纪 70 年代，世界拳王阿里因体重超过正常体重 20 多磅，速度和耐力大不如前，面临着告别拳坛的局面。

1975 年 9 月，四年未登拳台的 33 岁的阿里与另一拳坛猛将弗雷泽进行第三次较量。当比赛进行到第 14 回合时，阿里已经精疲力竭，处于崩溃的边缘。他觉得自己随时都有可能倒下，几乎再也没有力气迎战第 15 回合了。

然而，阿里并没有放弃，而是拼命坚持着。他心里知道，对方和自己一样，也筋疲力尽了。这个时候，与其说在比气力，不如说在比毅力，最后的胜利就看谁能比对方多坚持一会儿。他知道此时如果在精神上压倒对方，就有胜出的可能，于是他尽量保持着坚毅的表情和势不可当的气势，双目如电。弗雷泽不寒而栗，以为阿里仍存着体力。阿里从弗雷泽的眼神中发现了这一微妙的变化，他精神为之一振，更加顽强地坚持着。果然，弗雷泽表示愿意服输。裁判当即高举阿里的手臂，宣布阿里获胜。这时，保住了"拳王"称号的阿里还未走到台中央便眼前一片漆黑，双腿无力地跪在地上。弗雷泽见此情景，追悔莫及，并为此抱憾终生。

阿里的胜利胜在他的坚持不懈，弗雷泽的失败败在他关键时刻的放弃。

德国伟大诗人歌德在《浮士德》中说："始终坚持不懈的人，最终必然能够成功。"如果阿里不能坚持下去，那失败者也许就是他了。

我们常常会有"为山九仞，功亏一篑"的遗憾。成功就距我们一步之遥，我们却在最后的关头放弃了努力，从而白白地错过了良机，让机会轻易地与我们擦肩而过，那是多么令人懊丧的事情！

王克是一家名牌大学的优秀毕业生。因为专业热门，才能出众，他在一家专门从事材料研究的研究机构谋得了职位。他专业知识扎实，工作极度认真，很快就提出了一种供活动房屋的预制墙壁系统方案，得到同事和上级领导的称赞。上级决定把这项技术的项目研发交给他，他马上着手进行了第一期研发。经过 10 个月废寝忘食的研究，他终于交出了一套看似美观实用的活动试验房。但在进行试用的当天，这种墙壁不够坚固，一经移动就垮了。上级没有责怪他，鼓励他继续研究。但王克认为自己很无能，动了放弃的念头。刚好有好友邀请他下海做生意，于是他辞了职到东部沿海地区做生意去了。

　　就在他走后的第二个月，新接手活动房墙壁研究的新同事在王克先前技术资料的基础上研制出一种无比牢固而又能轻松移动的墙壁材料。这种材料并没有太大改变，只是在原来的基础上新添加了一种化学物质。

　　上面例子中的王克离创新只有咫尺之遥，假如他在第一次失败之后不轻言放弃，坚持进行第二次研制，那么，创新的光环将是他的。但他轻易否定了自己，否定了之前所有的努力，最终把创新推离自己。

　　不要轻言放弃！我们要牢牢记住这句话。越是在困难的时候，越要持之以恒地坚持下去，不达目的誓不罢休。这样，我们才可能紧紧把握住创新的机会。

　　暗示有着不可抗拒和不可思议的巨大力量，积极的自我暗示能帮助自我唤醒体内的创新潜能，帮助我们打开创新力的大门。轻松的氛围是激发创新潜能的有利环境。在轻松的条件下，人们的创新力有喘息的空间和活动的机会。逆境可以激发我们潜在的创新能量。在适当的条件下，我们可以给自己制造适量的逆境压力，把自己逼到非创新不可的境地。

积极的自我暗示助你发掘身上的宝藏

　　暗示包括自我暗示和他人暗示，自我暗示是生活中我们用得最多的一种暗示方法。

　　成功学家拿破仑·希尔给我们提供了一个自我暗示公式，他提醒渴望成功的人要不断对自己说："在我生命里的每一天，我都有进步。"暗示是在无对抗的情况下，通过议论、行动、表情、服饰或环境气氛对人的心理和行为产生影响，使其接受有暗示作用的观点、意见的行动。

　　对此，拿破仑·希尔补充道："自我暗示是意识与潜意识之间互相沟通的桥梁。"通过自我暗示，可以使意识中最具力量的意念转化到潜意识里，成为潜意识的一部分。也就是说，我们可以通过有意识的自我暗示，将有益于创新的积极思想和感觉转化到潜意识中，并在创新过程中全力拼搏，不达目的决不罢休。所以，通过想象不断地进行自我暗示，很可能会使我们成为一个杰出的创新者。

积极的自我暗示是对某种事物有力的、积极的叙述，是使一种我们正在想象的事物坚定和持久的表达方式。进行肯定的练习，能让我们开始用一些更积极的思想和概念来替代过去陈旧的、否定性的思维模式，这是一种强有力的技巧，一种能在短时间内改变我们对生活的态度和期望的技巧。进行积极的自我暗示，能让我们及时发现隐藏在身上的创新潜能，还可以帮助我们不断发掘这份成功的宝藏。

阿里小的时候，家人给他买了一辆崭新的自行车，他每天都骑车周游，乐此不疲。一天，他去警察局找一位叔叔，把自行车存放在警察局门口没有上锁。没想到出来后，发现他的新车已经被人偷走了，气得他直跺脚。

沮丧之余，他的警察叔叔提出教他拳击来化解烦恼。不想阿里竟因此迷上了拳击运动，并逐渐成为一个专业拳手。那个警察叔叔还告诉阿里，每次出场比赛时，就把对手想象成当年偷车的那个人。由此，阿里每次比赛都感觉是一次复仇行动，出拳格外地有力。阿里每次出场比赛，还会面对观众大声疾呼："我是不可战胜的，我是最好的，我就是冠军！"这种积极的自我暗示使阿里越战越勇，并最终使他成为世界上第一个3次获得世界重量级冠军的职业运动员，赢得了"世界拳王"的称号。

阿里因为丢失了一辆自行车而成为世界拳王。丢车后他没有大发脾气，也没有偷别人的自行车加以报复，而是化气愤为力量。更重要的是他经常进行积极的自我暗示，把对手想象成偷车的人，还在比赛前疾呼："我就是冠军！"这种良好的心理状态不断激发他潜在的力量，促使他奋勇拼搏。

摩拉里很小的时候，就梦想站在奥运会的领奖台上，成为世界冠军。

1984年，一个机会出现了，他成为全世界最优秀的游泳运动员。但在洛杉矶奥运会上，他只拿了亚军，梦想并没有实现。

他没有放弃希望，仍然每天在游泳池里刻苦训练。这一次，他的目标是1988年韩国汉城奥运会金牌。但他的梦想在奥运预选赛时就烟消云散，他竟然被淘汰了。

带着失败的不甘，他离开了游泳池，将梦想埋于心底，跑去康乃尔念律师学校。有3年的时间，他很少游泳冠军。可是他心中始终有股烈焰，无法抑制想要获得奥运会金牌的渴望。

离1992年夏季奥运会不到一年的时间，他决定孤注一掷。在这项属于年轻人的游泳比赛中，他算是高龄选手了，就像拿着枪矛戳风车的现代堂吉诃德，想赢得百米蝶泳的想法简直愚不可及。

这一时期，他又经历了种种磨难，但他没有退缩，不停地告诉自己："我能行。"结果，在不停地自我暗示下，他终于站在世界泳坛的前沿，不仅成为美国代表队成员，还赢得了初赛。他的成绩比世界纪录只慢了一秒多，奇迹的产生离他仅有一步之遥。

决赛之前，他在心中仔细规划着比赛的赛程。在想象中，他将比赛预演了一遍。他相信最后的胜利一定属于自己。

比赛如他所预想，他真的站在领奖台上，星条旗冉冉升起，耳边回荡着美国国歌，颈上挂着梦想的奥运会金牌。

摩拉里没有被消极思想所打败，在艰苦的环境中，他不断地进行积极的自我暗示，终于打破常规，获得了奇迹般的胜利。

自我暗示是世界上最神奇的力量，积极的自我暗示往往能唤醒人的潜在创新能量，有助于使自己提升到人生更高的境界。

自我暗示对于我们的生活如此重要，几乎是无时不在的魔术。因此，每天清晨不妨告诉自己今天会有个好心情；每当有重大抉择和决定的时候，就对自己暗示自己的选择和决策是明智的。选择积极的自我暗示，等于选择幸福生活，选择与成功人生为伴，它会带来魔术般的奇迹。

让我们从今天开始，拿出十二分的勇气来，切切实实地面对那些困难，把那些曾经在心里默默下了很多次决心而又未果的事重新拾起，不再给自己任何逃遁的机会和余地，认真地部署计划，对自己说一句："我能行！"然后迈开行动的第一步。相信自己，有了第一步，就会有第二步，接下来就会迎接到创新成就的曙光。

在冥想的境界中创新

很多人可能对僧人的参禅打坐很不理解，以为那样一定非常枯燥、乏味、辛苦。其实不然，僧人们在打坐时保持内心的虚空，右脑的思维非常活跃，不断会有灵感出现，以至于将经书中的理念一一参透，顿觉自己生命价值的无形提高。其实，他们是进入了一种冥想境界。

所谓的冥想就是一种停止左脑活动，让右脑单独活动的思维方式。停止左脑活动即停止知性和理性的大脑皮质作用，使自律神经呈现活络状态。简单地说就是停止意识对外的一切活动，达到"忘我之境"的一种心灵自律行为。这不是要消失意识，而是在意识十分清醒的状态下让潜意识的活动更加敏锐与活跃，从而有利于右脑进行创新。

冥想原本是宗教活动中的一种修心行为，如禅修、瑜伽、气功等，它被认为是一种使自己顺应上帝、顺应某种神灵或自然、顺应一切的修行。冥想是一种古已有之的锻炼身体与心灵的方法，冥想者可以从中获得启示。冥想现今已被广泛地运用到许多心灵活动的课程中。

一项发表在《中风》杂志上的最新研究表明，冥想可预防和治疗一些心血管疾病。该研究观察了20岁以上的60例高血压病人，为期6—9个月。一半患者采用冥想治疗，另一半予以合理的饮食及锻炼治疗。在研究的起始及结束阶段，应用超声测量受试者的动脉壁厚度，包括动脉斑块。当研究结束时，采用冥想治疗的受试者动脉壁厚度缩小了0.098毫米，而其他受试者则是增加了。

冥想不仅可以治疗疾病，使人感觉舒畅、心平气和，还可以改善脑结构，起到健脑作用，这是科学家在最近的研究中得出的结论。

美国肯塔基大学的科学家用一种可量化的方法对冥想的功效进行了一次成功的实验。他们让参加实验的志愿者注视一个液晶显示屏，当某种图像显现的时候，志愿者被要求尽可能快地按动一个按钮。

一般来说，图像出现之后，人们揿动按钮需要200—300毫秒的时间做出反应，但睡眠不足的人需要更长的时间，有时甚至无法做出反应。

研究人员让志愿者在冥想前后参加揿动按钮的测试，并与同时进行的其他测试，例如有关睡眠、阅读、交谈的测试予以比较。实验表明，冥想使志愿者在做出反应时取得了好成绩，尤其是在一夜未眠的时候，冥想的提神作用更是十分显著。

在马萨诸塞州综合医院，研究人员为了弄清冥想的大脑机制，使用了核磁共振成像设备。他们用这种技术扫描了 15 名惯于冥想者的大脑，然后将扫描结果同另外 15 名普通人的大脑进行比较。他们发现，冥想者的大脑皮层在一些地方比普通人厚。

以研究超导体而获得诺贝尔物理学奖的英国人布莱恩·佐瑟夫逊曾说过："以冥想开启直觉，可获得发明的启示。"

实验证明，当人进入冥想状态时，新皮质熟睡，旧皮质的功能启动，意识开始倾听右脑的声音，潜在意识的力量就会慢慢提高，大脑的活动呈现出规律的 α 脑波。此时，人的想象力、创造力与灵感会源源不断地涌出，对于事物的判断力、理解力都会大幅提升，同时身心会呈现安定、愉快、心旷神怡的感觉。

当今日本有位中松义郎，堪称是当今最大、最有钱的发明大王之一。他已有 200 多项专利了。中松博士有两间工作室，一间叫"静屋"，也叫"石屋"，另一间叫"动屋"。在构思新创意时，他就到"静屋"去，一边听音乐，一边进入"心灵远足"的状态，不久新创意就会产生；接着再到"动屋"去，把刚才的创意付诸实施。中松先生每天早上 8 时上班，一直到深夜 4 时才入睡。他认为夜深人静时正是"心灵远足"的好时光，也是创意爆发的时刻。

中松义郎可谓是一个善于利用冥想来创新的"发明大王"。冥想可以让你进行"心灵远足"，帮助你走出限制自我思维的小圈子，挖掘潜在的创新潜能。

我们每个人都能够借冥想的方式来创造奇迹，不要把它认为是超能力，也不要把它当作某些杰出人物的专属方法。它是每个人心理上本来就拥有的，任何人都可利用。

逆境让你发现看不见的潜能

有这样一个笑话，说一个人夜晚走到坟墓附近，不小心掉进一个墓穴里了。墓穴很深很滑，他怎么爬也爬不出去。当时已经是半夜了，几乎没有出去的可能，于是他在墓穴里等待明天再求救。过了一会儿，忽然有个喝醉酒的人也掉了进来，爬了爬也没爬出去。这时，早掉下去的人突然说："不用爬了，我试了，爬不出去的。"这时那个人忽地三两下就爬出去了。

为什么早掉下去的人没爬出去，而喝醉酒的人之前也爬不出去，但在早掉下去那个人突然说话之后却爬出去了呢？我们可以想象，在黑暗阴冷的墓穴里，醉汉心里肯定是发怵的，背后突然响起的声音让他误以为墓里有僵尸之类的异物，害怕之余求生的欲望无意激发了他的潜力。其实早掉下去的那人肯定也有能出去的潜力，只不过未被激发罢了。

我们有"狗急跳墙""背水一战"的说法，因为面对着险恶绝望的环境，无论动物还是人出于求生的本能都易于激发自己的潜能，从而创造令人惊叹的奇迹。

据报道，某人在一次车祸中瘫痪，在轮椅上整整坐了5年。后来有一天，他不小心打翻了蜡烛，整个屋子便弥漫起大火，如果他不逃走将会被烧死。于是他忘记了一切，起身就往门外冲，然后跳下楼梯，在大街上狂奔了很远。当他停下来时，突然发现自己居然能够行走。

在轮椅上坐了5年的人竟然能在大街上狂奔！这是一件令人难以相信的事情，但用"逆境求生"来解释却又合情合理。或者这个人瘫痪的程度并不太严重，或者5年之中他的双腿已恢复了行走能力，但长期的习惯或心理暗示告诉他："你是个残疾人，你永远不能走路！"大火袭来，没有退路，在这种绝境下，用双腿逃生的能力就爆发了。

可见，我们每个人身上都隐藏着无穷无尽的潜能，只是需要恰当的时机来引爆。

小山真美子是生活在日本札幌的一位年轻妈妈，她身材矮小。一天，她在楼下晒衣服，忽然发现她4岁的儿子眼看着从8楼的家里掉下来。见此情景，她飞奔过去，赶在孩子落地之前将孩子接在了怀里，两人仅受了一点轻伤。这条消息在《读卖新闻》发布后，引起了日本盛田俱乐部的一位法籍田径教练布雷默的兴趣。因为根据报纸上刊出的示意图，他算了一下，从20米外的地方接住从25.6米高处落下的物体，必须跑出约每秒9.65米的速度，而这是一个无人能及的短跑速度！

为此，布雷默专门找到小山真美子，问她那天是怎样跑得那么快的。"是对孩子的爱"，小山这样回答，"因为我不能看到他受到伤害！"小山的回答给了布雷默一个重要的启示：人的潜力其实是没有极限的，只要你拥有一个足够强烈的动机！

布雷默回到法国后，专门成立了一家"小山田径俱乐部"，把小山的故事作为激励运动员突破自我极限的动力。结果他手下的一位名叫沃勒的运动员在世界田径锦标赛上获得了800米比赛的冠军。当记者问他是怎样在强手如林的比赛中夺冠的，沃勒回答说："是小山真美子的故事。因为当我在跑道上飞跑时，我就想象我就是小山真美子，在飞奔去救我的孩子！"

小山真美子能创造短跑奇迹，靠的是她刹那间迸发出来的巨大潜力。沃勒800米比赛夺魁，靠的是小山真美子救子的故事对他的激励，从而引爆体内的潜能。

人的潜力是无限的，只有在一定条件下，才能最大限度地激发自身的潜能。逆境是开发人体潜能的动力之一。著名科学家贝弗里奇说："人们最出色的工作往往是在逆境中做出的，思想上的压力，甚至肉体上的痛苦，都可能成为精神上的兴奋剂。很多作家、画家平时灵感难寻，只有在交稿时间迫近造成的压力下，大脑里才容易涌现出灵感。"创造学之父奥斯本说："多数有创造力的人，其实都是在期限的逼迫下从事工作的。决定了期限，就会产生对失败的恐惧感。因此，工作时加上情感的力量，会使得工作更加完美。"他还说："谁被逼到角落里，谁就会有出奇的想象。"当然，逆境压力不能过大，压力过大，就会把人给压怕了、压趴了。适当的逆境设置是行动的最好保障，能把潜能发挥到极致，创造出令人震惊的奇迹。

　　发散思维可以激活思维潜在的创新能量。逆向思维引导我们从相反的角度思考问题。形象思维是运用直观形象和表象解决问题的思维，有助于提升创新力。简单思维告诉我们不要将简单的事情复杂化，删繁就简才是创新的良方。

有怀疑才有新开始

　　怀疑对于创新来说是一种必不可少的精神。只有敢于怀疑，勇于对现有的状况提出问题，才能为事物的发展进步提供一个突破口，为创新的进行打下思想基础。怀疑是旧理论、旧观念的终结者，有怀疑才有新开始。

　　下面是几位"杰出人士"的短视笑话。

　　不管未来的科学如何进步，人类永远也上不了月球。

　　——李·佛瑞斯特博士（三极管发明者）

　　飞机是有趣的玩具，但没有军事价值。

　　——费迪南德·福煦（法国陆军元帅、军事战略家、第一次世界大战指挥官）

任何人都没有理由买台电脑摆在家里。

——肯尼斯·奥尔森（迪吉多电脑公司创办人及前任总裁）

现在我们可能觉得以上的武断很可笑，可是当时大多数人都将其奉为真理。

要改变这些错误的观念，就要从怀疑开始。战国时代的大思想家孟子有句名言，叫"尽信书不如无书"，意思是教我们做学问要有一点怀疑的精神，不要盲从或迷信。哥白尼之所以在科学史上做出了伟大的贡献——创立地动学说，就是从怀疑托勒密的天动学说开始的。顾颉刚先生在《怀疑与学问》一文中精辟地论述了治学要有怀疑精神这一论断。因怀疑而思索，因思索而辨别，因辨别而创新。没有怀疑精神就没有创新意识，没有创新意识也就谈不上创新力。人们不会相信一个因循守旧、故步自封的人会有创新力。

古人云："学者先要会疑。""在可疑而不疑者，不曾学；学则须疑。"作为 21 世纪的人才，我们应该最大限度地锻炼自己，在未知事物面前大胆提出疑问，敢于否定以前过时落后的观点，敢于怀疑现实生活中的异常现象，敢于说出自己的独到见解，这样我们的质疑思维才会得到有效的激发。

琴纳是一位长期生活在英国乡村的医生，对民间的疾苦有着深切的了解。当时，英国的一些地方发生了天花，夺去了许多儿童的生命。琴纳眼看着那些活泼可爱的儿童染上天花，却因没有特效药不治而亡，内心十分痛苦。

有一天，琴纳到一个奶牛场，发现一位挤奶的女工尽管经常护理天花病人，却从没有得过天花。这令琴纳很疑惑，因为天花的传染性很强，究竟是什么原因让挤奶女工得以幸免呢？琴纳隐约感到这其中隐藏着什么。他仔细询问后得知，女工幼时得过从牛身上传染的牛瘟病。这个发现使琴纳联想到：可能感染过牛瘟病的人，对天花具有免疫力。

想到这一点后，琴纳感觉自己已经找到了解决问题的突破口，于是马上采取行动，大胆地试验。他先在一些动物身上种牛痘，效果十分理想。为了让成千上万的儿童不再受天花之灾，他顶住一切压力，在当时仅有一岁半的儿子身上接种了牛痘。接种后，儿子反应正常。但是，为了要证明小孩是否已经产生了免疫力，还要给孩子接种天花病毒，如果孩子身上还没有产生免疫力，那么他的儿子也许就会被天花夺去生命。

为了千千万万的儿童能够健康成长，琴纳豁出去了，把天花病毒接种到自己儿子的身上。结果孩子安然无恙，没有感染上天花。琴纳的实验成功了。从此，接种牛痘防治天花的方法从英国迅速传播到世界各地。

琴纳能够发现防治天花的方法，他的怀疑精神起到了至关重要的作用。如果他当初对挤奶女工没有染上天花这一事件不存任何疑问，不去探究根本性的原因，天花防治问题的解决不知还要向后推多少年。

一切从怀疑开始，创新也要从怀疑开始。有了怀疑，才有科学的进步；有了怀疑，我们才能突破现状、超越前人；有了怀疑，我们才有创新的动力。只有学会怀疑，我们才能提升创新力。

发散思维帮你创造无穷大的空间

发散思维的要旨就是要让我们学会朝四面八方联想，就像旋转喷头一样，朝各个方向进行立体式的发散思考。它帮我们打开了一个创意的空间：只要我们找到一个点，穿过这个点的思维直线就可以有无穷多条，我们的思维空间就可以无穷大。

我们可以把这个点当作一个辐射源。那么，怎样从一个辐射源出发向四面八方扩散呢？下面有几种方法：

（1）结构发散，是以某种事物的结构为发散点，朝四面八方想，以此设想出利用该结构的各种可能性。

（2）功能发散，是以某种事物的功能为发散点，朝四面八方想，以此设想出获得该功能的各种可能性。

（3）形态发散，是以事物的形态（如颜色、形状、声音、味道、明暗等）为发散点，朝四面八方想，以此设想出利用某种形态的各种可能性。

（4）组合发散，是从某一事物出发，朝四面八方想，以此尽可能多地设想与另一事物（或一些事情）联结成具有新价值（或附加价值）的新事物的各种可能性。

（5）方法发散，是以人们解决问题的结果作为发散点，朝四面八方想，推测造成此结果的各种原因；或以某个事物发展的起因为发散点，朝四面八方想，以此推测可能发生的各种结果。

　　善于运用发散思维的人，常常具有别人难以比拟的"非常规"想法，能取得非同一般的解决问题的效果。这种人也往往具有别人难以企及的创新力。在生产、生活中，我们可以利用这种思维法来进行发散性的创造。若以一个产品为核心，可以发掘它的各种不同的功能，开发出各种各样的新产品，这种产品开发的空间可以无穷大。如围绕电熨斗这个产品，开发出透明蒸气电熨斗、自动关熄熨斗、自动除垢熨斗、电脑装置熨斗等。这些产品满足了生活中不同人群的不同需求。

　　下面这个故事也是围绕产品开发进行发散思维的一个典型例子，从中我们可以体会到发散思维法的应用价值。

　　1956年，松下电器公司与日本另一家电器制造厂合资，设立了大孤电器公司，专门制造电风扇。当时，松下幸之助委任松下电器公司的西田千秋为总经理，自己则担任顾问。

　　这家公司的前身是专做电风扇的，后来又开发了民用排风扇。但即使如此，产品还是显得比较单一。西田千秋准备开发新的产品，试着探询松下的意见。松下对他说："只做风的生意就可以了。"当时松下的想法是想让松下电器的附属公司尽可能专业化，以期有所突破。可是松下电器的电风扇制造已经做得相当卓越，完全有实力开发新的领域，而松下给西田的却是否定的回答。

　　然而，聪明的西田并未因松下这样的回答而灰心丧气。他的思维极其灵活而机敏，他紧盯住松下问道："只要是与风有关的任何产品都可以做吗？"

　　松下并未仔细品味此话的真正意思，但西田所问的与自己的指示很吻合，所以他毫不犹豫地回答说："当然可以了。"

5年之后，松下又到这家工厂视察，看到厂里正在生产暖风机，便问西田："这是电风扇吗？"

西田说："不是，但是它和风有关。电风扇是冷风，这个是暖风。你说过要我们做'风'的生意，难道不是吗？"

后来，西田千秋一手操办的松下精工的"风家族"已经非常丰富了。除了电风扇、排风扇、暖风机、鼓风机之外，还有果园和茶圃的防霜用换气扇、培养香菇用的调温换气扇、家禽养殖业的棚舍调温系统等。

松下的一句"只做风的生意就可以了"被西田千秋用发散思维发挥到了极致，围绕风开发出了许许多多适合不同市场的优质产品，为松下公司创造了一个又一个的辉煌。这也体现了发散思维的神奇魅力。

依靠发散性思维进行发散性的创造，为我们提供了一种发明创造的新模式。思维发散的过程同时也是创意发散的过程。围绕一个中心将思维无限扩展，最终就可产生多种创造成果，为我们的发展提供无穷大的空间。

逆向思维是一种重要的创新能力

逆向思维又称反向思维，是指为实现某一创新或解决某一用常规思路难以解决的问题，而采用反向思维寻求解决问题的方法。逆向思维最有魅力的地方，就是对某些事物或东西从反面进行利用。逆向思维是一种重要的创新能力。

南唐后主李煜派博学善辩的徐铉到大宋进贡。按照惯例，大宋朝廷要派一名官员与徐铉一起入朝。朝中大臣都认为自己辞令比不上徐铉，谁都不敢应战，最后反映到宋太祖那里。

太祖的做法大大出乎众人的意料，他命人找了10名不识字的侍卫，把他们的名字写上送进宫，然后用笔随便圈了个名字，说："这人可以。"在场的人都很吃惊，但也不敢提出异议，只好让这个还未明白是怎么回事的侍卫前去应付。

徐铉见了侍卫，滔滔不绝地讲了起来，侍卫根本搭不上话，只好连连点头。徐铉见来人只知点头，猜不出他到底有多大能耐，只好硬着头皮讲。一连几天，侍卫还是不说话，徐铉也讲累了，于是也不再吭声。

这就是历史上有名的宋太祖以愚困智解难题之举。

以愚困智，只因智之长处根本无法发挥，这实际上是一种"化废为宝"的逆向思维方式。在经营或者进行技术发明的时候，逆向思维同样具有很大的创新性。

1820年，丹麦哥本哈根大学物理教授奥斯特，通过多次实验证实存在电流的磁效应。这一发现传到欧洲大陆后，吸引了许多人参加电磁学的研究。英国物理学家法拉第怀着极大的兴趣重复了奥斯特的实验。果然，只要导线通上电流，导线附近的磁针立即会发生偏转，法拉第深深地被这种奇异现象所吸引。当时，德国古典哲学中的辩证思想已传入英国。法拉第受其影响，认为电和磁之间必然存在联系并且能相互转化。他想既然电能产生磁场，那么磁场也能产生电。

为了使这种设想能够实现，法拉第从1821年开始做磁产生电的实验。几次实验都失败了。但他坚信，从反向思考问题的方法是正确的，并继续坚持这一思维方式。

10年后，法拉第设计了一种新的实验。他把一块条形磁铁插入一只缠着导线的空心圆筒里，结果导线两端连接的电流计上的指针发生了微弱的转动，电流产生了！随后，他又完成了各种各样的实验，如两个线圈相对运动，磁作用力的变化同样也能产生电流。

法拉第10年不懈的努力并没有白费，1831年他提出了著名的电磁感应定律，并根据这一定律发明了世界上第一台发电装置。

如今，他的定律正深刻地改变着我们的生活。法拉第成功地发现电磁感应定律，是运用逆向思维方法的一次重大胜利。

传统观念和思维习惯常常阻碍着人们的创造性思维活动的展开。逆向思维就是要冲破框框，从现有的思路返回，从与它相反的方向寻找解决难题的办法。常见的方法是就事物的结果倒过来思考，就事物的某个条件倒过来思考，就事物所处的位置倒过来思考，就事物起作用的过程或方式倒过来思考。逆向思维是一种重要的创新能力，它对于全面人才的创造能力及解决问题能力的培养具有相当重要的意义。

联想思维可以产生穿越时空的创意

联想思维是指人们在头脑中将一种事物的形象与另一种事物的形象联系起来，探索它们之间共同的或类似的规律，从而解决问题的思维方法。世上万物都不是孤立存在的，在空间上或时间上总是保持着一定的联系。联想思维总能让人根据事物在时空上彼此接近或对应进行联想，使我们的思绪穿越时空、纵横千里。灵活运用联想思维，常常能打开我们的思路，使我们产生穿越时空的创意。

相传古时有一位皇帝曾以"深山藏古寺"为题，召集天下画匠作画。最后选了3幅画。第一幅画在万木丛中显露出古寺一角；第二幅画在景色秀丽的半山腰伸出了一根幡；第三幅画只见一个老和尚从山下溪边挑水，沿着山路缓缓而上，而远处只见一片山林，根本无从寻觅寺庙踪迹。

皇帝找大臣合议后，最终选了第三幅画。为什么要选第三幅画呢？因为"深山藏古寺"的画题虽然看似简单，但却包含一个"深"和一个"藏"字。这就需要画家去思考，看如何将这两个意思体现出来。第一幅画太露，"万木丛中显露出古寺一角"，体现不出"深""藏"的意思；第二幅似乎好一些，但一根幡仍然点明此处是一座庙宇，只不过被树丛包围，一下子看不到全貌而已，仍然达不到"深""藏"的要求；第三幅画以老和尚挑水体现老和尚来自"古寺"，而老和尚所要归去之处即寺庙却"只在此山中，云深不知处"，足以见此"古寺"藏在深山中。看到此画的人莫不惊叹作者巧妙的构思和奇特的想象，而这幅画也当之无愧地独占鳌头。

这个故事给我们最大的启发是第三幅画的作者在构思这幅画时运用了丰富的联想，使人从"和尚"自然联想到"寺庙"；从"老和尚"再进一步联想到这座寺庙年代已经很久远了，是座"古寺"；从老和尚挑水沿着山路缓缓而上，而远处只见一片山林不见寺庙，联想到这座"古寺"被深深地藏在山中。

正因为该画的作者运用了意味无穷的联想思维，让我们的想象能跨越时空的限制，才使见到此画的人为其巧妙的构思和画的意境所折服。

由此可见，联想的妙处就在于它可使我们从一而知三。运用联想思维，由"速度"这个概念，我们的头脑中会闪现出呼啸而过的飞机、奔驰的列车、自由落体的重物等。

联想是心理活动的基本形式之一。联想与一般的自由想象不同，它是由表象概念之间的联系而达到想象的。因此，联想的过程有逻辑的必然性。

相传古时有人经营了一家旅馆，由于经营不善，濒临倒闭。正好阿凡提经过这里，就向旅馆老板献策：将旅馆周围进行重新装饰。到了夏日，将墙面涂成绿色；到了冬日，再将墙面饰成粉红色。旅馆老板按阿凡提所说的做了之后，果然很是吸引顾客，生意渐渐兴隆起来。其中的奥秘在哪儿呢？

原来，阿凡提运用的是人们的联想思维，让一种感觉引起另一种感觉，即夏日看到绿色会感觉清凉舒爽，冬日看到粉红的暖色会感觉温暖。

这种心理现象实际上是感觉相互作用的结果。

上述事例就是通过改变颜色，使不同颜色产生不同的心理效果，从而起到吸引顾客的作用的。

联想是创意产生的基础，它在创意设计中起催化剂和导火索的作用。联想越广阔、丰富，就越富有创造能力。许多的发明创造就是在联想思维的作用下产生的。

春秋时期有一位能工巧匠鲁班，有一次他上山伐木时，手被路旁的一株野草划破，鲜血直流。

为什么野草能划破皮肉呢？他仔细观察那株野草，发现其叶片的两边长有许多小细齿。他想：如果将铁条做成带小齿的工具，是否也可将树划破呢？

依着这个思路，他最终发明了锯子。

鲁班由草叶上的小细齿联想到砍伐工具，为建筑工程提供了便利。无独有偶，小提琴的产生也源于联想思维的发挥。

1000多年前，埃及有位音乐家名叫莫可里。一个盛夏的早晨，他在尼罗河边正悠闲地散步。忽然间，他的脚踢到一个什么东西，发出一声悦耳的声响。他拾起来一看，原来是一个乌龟壳。莫可里拿着乌龟壳兴冲冲地回到家里，再三端详，反复思索，不断试验，最终根据龟壳内空气振动发声的原理制出了世界上第一把小提琴。莫可里从乌龟壳发出的声音联想到了乐器。正是由于联想思维的运用，造就了当今世界上无数人为之陶醉的西洋名乐器。

如果不运用联想思维，是很难从草叶、乌龟壳中产生灵感，创造出锯子和小提琴的。但是，联想思维能力不是天生的，它需要以知识和生活经验、工作经验为基础。基础打好了，联想也随之出现。

形象思维使抽象的概念变生动

所谓形象思维，是指运用直观形象和表象解决问题的思维。形象思维又称右脑思维，从提升一个人形象思维能力的角度来说，右脑越发达，形象思维越强。形象思维不仅有助于提高想象力，也有助于提升创新力，帮助我们运用更有效、更有创意的方法解决问题。

一次，一位不知相对论为何物的年轻人向爱因斯坦请教相对论。相对论是爱因斯坦创立的既高深又抽象的物理理论，要在几分钟内让一个门外汉弄懂几乎是不可能的。

然而，爱因斯坦却用十分简洁、形象的话语对深奥的相对论做出了解释："比方说，你同最亲爱的人在一起聊天。一个钟头过去了，你可能只觉得过了五分钟；可如果让你一个人在大热天孤单地坐在炽热的火炉旁，五分钟就好像一个小时。这就是相对论！"

在这里，爱因斯坦运用的就是形象思维。他把抽象的相对论概念用生动形象的比喻来说明，让听者豁然开朗。这种形象思维运用的过程实际上就是创新的过程。

当我们描述一个事物时，利用形象思维打一个比方或画一个示意图，往往会起到意想不到的说明效果。例如，研究人员在演示时，借助形象化的语言、图形、演示实验、模型、标本等，能使抽象的科学道理、枯燥的数学公式等变得通俗易懂；在和别人讨论政治话题时，借助于文学艺术等特殊手段，将抽象的概念进行形象化比喻，使枯燥的内容贯穿于生动活泼的文化娱乐中，能起到事半功倍的效果。

著名哲学家艾赫尔别格曾经对人类的发展速度有过一个形象生动的比喻。他认为，在到达最后 1 千米之前的漫长征途中，人类一直是沿着十分艰难崎岖的道路前进的。穿过了荒野，穿过了原始森林，人类那时对周围的世界万物一无所知。只是在即将到达最后 1 千米的时候，人类才看到了原始时代的工具和史前穴居时代创作的绘画。当开始最后 1 千米的赛程时，人类看到难以识别的文字，看到农业社会的特征，看到人类文明刚刚透过来的几缕曙光。离终点 200 米的时候，人类在铺着石板的道路上穿过了古罗马雄浑的城堡。离终点还有 100 米的时候，在跑道的一边是欧洲中世纪城市的神圣建筑，另一边是四大发明的繁荣场所。离终点 50 米的时候，人类看见了一个人，他用创造者特有的充满智慧和洞察力的眼光注视着这场赛跑——他就是达·芬奇。剩下最后 5 米了，在这最后冲刺中，人类看到了惊人的奇迹：电灯光亮照耀着夜间的大道，机器轰鸣，汽车和飞机疾驰而过，摄影记者和电视记者的聚光灯使胜利的赛跑运动员眼花缭乱……

艾赫尔别格运用形象思维将漫长的人类历史栩栩如生地展现在人们的面前。

我们也可以把形象思维运用到工作中。如把自己要处理的文字看成是一个个跳跃的、充满生命力的精灵；把面前的电脑看成是一个可以用思想与你交流的朋友；把桌面上杂乱无章的文件看成是一些亟待组合的神奇积木……这样运用形象思维，不但可以让我们觉得工作是轻松愉快的，而且能培养我们的想象力，从而提高我们的创新力。

形象思维还可以用于发明创造，使发明的过程变得简单明了，很多新事物的发明都是形象思维作用的结果。

总之，形象思维能够使我们的头脑充满生动的画面，向我们展现更为丰富多彩的世界。它是提升我们创新力的一种必备的思维方法。

侧向思维能让绊脚石变成垫脚石

侧向思维为我们提供了一个崭新的思维视角。当我们在生活与工作中遇到困难或是难以跨越的"坎"时，不妨尝试一下侧向思维，说不定可以将绊脚石变成垫脚石。

美国前总统罗斯福参加竞选时，竞选办公室为他制作了一本宣传册，并发放给记者和选民，为竞选造势。在这本册子里有罗斯福总统的相片和一些竞选信息。

接着成千上万本宣传册被印刷出来。

就在这些宣传册印刷完毕、即将分发的时候，竞选办公室的一名工作人员在做最后的核对时，突然发现了一个问题：宣传册中有一张照片的版权不属于他们，而为某家照相馆所有，他们无权使用。

竞选办公室陷入了恐慌，手册分发在即，已经没有时间再重新印刷了。该怎么办？如果就这样分发出去，无视这个问题，不但那家照相馆很可能会因此索要一笔数额巨大的版权费，而且也会对罗斯福的总统竞选造成负面影响。

于是，有人立刻提出，派一个代表去和照相馆谈判，尽快争取以一个较低的价格购买到这张照片的版权。这是大多数人遇到相同问题时最可能采取的处理方式，也是正面思维常会想到的方式。但竞选办公室选择的却是另一种方式。

他们通知这家照相馆：竞选办公室将在制作的宣传册中放上一幅罗斯福总统的照片，贵照相馆的一张照片也在备选的照片之列。由于有好几家照相馆都在候选名单中，竞选办公室决定将这次宣传机会进行拍卖，出价最高的照相馆将会得到这次机会。

结果，竞选办公室两天内就接到了该照相馆的投标书和支票。这样，竞选办公室不但摆脱了可能侵权的不利地位，还因此获得了一笔收入。

在这里我们可以发现，竞选办公室采取的方式十分特别，从面临版权问题的正面换到了侧面，即总统竞选的过程同时也是替商家做宣传的过程。这样将主动权掌握在自己手中，让照相馆有求于己，就使绊脚石变成了垫脚石。这样的解决方法比同照相馆进行谈判所获得的结果要好。

这种侧向思维的应用就是一种创新。

"横看成岭侧成峰，远近高低各不同。"这些区别正是由于看待问题的视角不同所致。从正面看，是一场危机，从侧面看，却是一个商机；从正面看，前方障碍重重，从侧面看，问题迎刃而解。侧向思维让绊脚石最终变成了垫脚石。

有一位传奇人物运用侧向思维完成了一项令人惊叹的旅行——用80美元环游世界。这个人就是名叫罗伯特·克里斯托弗的美国人。

如果让我们完成这个旅行，绝大部分人可能都会摇头，认为这是在开玩笑，因为80美元还不够买一张到加拿大的机票。那么，罗伯特是怎样做到的呢？

首先，罗伯特找出一张纸，写下他为用80美元环游世界所做的准备：

（1）设法领取到一份可以上船当海员的文件。

（2）去警署申领无犯罪记录证明。

（3）取得 YMCA（美国青年会）的会籍。

（4）考取一个国际驾驶执照，找来一套世界地图。

（5）与某大公司签订合同，为之提供所经国家和地区的土壤样品。

（6）同一家航空公司签订协议，可免费搭机，但要拍摄照片为公司做宣传。

……

当罗伯特完成上述的准备后，年仅 26 岁的他就在口袋里装好 80 美元，兴致勃勃地开始了自己的旅行。

以下是他旅行的一些经历：

（1）在加拿大巴芬岛的一个小镇用早餐，他不付分文，条件是为厨师拍照。

（2）在爱尔兰，花 48 美元买了 4 条香烟；从巴黎到维也纳，费用是送船长 1 条香烟。

（3）从维也纳到瑞士，列车穿山越岭，只需 4 包香烟。

（4）给伊拉克运输公司的经理和职员摄影，结果免费到达伊朗的德黑兰。

（5）在泰国，由于提供给酒店老板某一地区的资料，受到酒店贵宾式的待遇。

……

最终，通过一个完整而巧妙的计划和众人的帮助，罗伯特实现了他用 80 美元环游世界的梦想。

侧向思维能够使我们的思想维度向更远处发散。从侧面寻找解决问题的方法时，视角能更加广阔，众多的思路有如泉涌般产生。那时，问题不再成为前进的绊脚石，而成为垫脚石。

简单思维就是要删繁就简

法国昆虫学家法布尔说："简单便是聪明，复杂便是愚蠢。"意思是说，我们在处理问题时要善于运用简单思维。

简单思维就是将复杂的事情简单化，亦即删繁就简。这是创新者必备的思维素养之一。

科学发展的过程，实际上也是一个不断简化的过程。在许多发展创新的过程中，无论是一个产品、一种技术，还是一项课题，简化都是一个突破的方向。

20 世纪前 20 年，驱动汽车的新型发动机一直沿用往复活塞式内燃机，其结构的主体构件为曲柄滑块结构以及进、排气阀门结构。20 世纪 50 年代，德国工程师沃克尔设计出一种旋转活塞式发动机，只有两个运动构件，即三角形转子和通往齿轮箱的曲轴。它需要一个汽化器和若干个火花塞以及复杂的阀门控制机构，从而使该发动机的重量比传统发动机轻 1/4，而且价格便宜。

作为一种创造技法，删繁就简在我国得到推广应用。将陈旧的和无足轻重的部件去掉，使之功能鲜明、结构精悍、性能优化，这是发明创造的一条捷径。我国发明家张文海认为，补偿方法需要简化，由此发明了"旋转变压器快速最佳补偿"；多极旋转变压器机械理论角的计算需要简化，由此发明了"多极旋转变压器机械理论角的简化计算"；零点标记打点需要简化，由此发明了"旋转变压器零位标记的简易光刻"。

张文海运用简化原则，在一个领域"连砍三刀"，进行推陈出新的发明实践，显示了删繁就简的作用和成效。

英国著名哲学家威廉·奥卡姆也发现了删繁就简的奥秘，倡导运用"奥卡姆剃刀"去标新立异。所谓"奥卡姆剃刀"，是指他的格言："如无必要，勿增实体。"其含义是，只承认一个确实存在的东西，凡干扰这一具体存在的空洞的概念都是无用的废话，应当将其取消。这一似乎偏激独断的思维方式，被称为"奥卡姆剃刀"。

"奥卡姆剃刀"剃掉的是思维杂质，产生的是创新成果，留下的是简洁精美。正如达尔文在《自传》中写道："我的智慧变成了一种把大量个别事实化为一般规律的机制。"

删繁就简简化了事物的现象，揭示了事物的本质，反映了事物的规律，浓缩了事物的精华，使人们的认识由表及里、由此及彼、不断提高。运用删繁就简的简化原则，不仅能揭示事物的自然规律，而且能让我们迅速把握住创新的机会。

系统思维：整体与部分的辩证统一

无论从哪方面而言，综合都是一种新的力量。人类正是拥有了综合的力量，才创造出今天多姿多彩的世界。系统思维要求我们在进行创新活动时用系统的眼光来审视复杂的整体，利用前人已有的创造成果进行综合，或取长补短，或整合优势。这种综合往往能创造出前所未有的新奇效果，形成更深一层的创新。当我们确确实实学会了"统领全局"，才算真正意义上掌握了用系统思维提升创新力的本领。

系统思维也叫整体思维，是人们用系统眼光从结构与功能的角度重新审视多样化的世界的一种思维方式。

系统思维是"看见整体"的一项修炼，它是一种思维框架，能让我们看到相互关联的非单一的事物，看见事物渐渐发展变化的形态而非瞬间即逝的片段。这种思维方法可以使我们敏锐地预见到事物整体的微妙变化，从而对这种变化制定出相应的对策。

系统思维法是一种将各部分之间点对点的关系整合成系统关系的方法。在一般人的眼中，也许甲和乙是没有关系的独立个体，但是以系统思维法考察就会发现这两者是息息相关的有机整体，那么处理问题时就要将甲和乙全部纳入考虑范畴了。下面这个故事就是这样：

一次，"酒店大王"希尔顿在盖一座酒店时，突然出现资金困难，工程无法继续下去。在没有任何办法的情况下，他突然心生一计，找到那位卖地皮给自己的商人，告知他自己没钱盖房子了。地产商漫不经心地说："那就停工吧，等有钱时再盖。"

希尔顿回答："这我知道。但是，假如一直拖延着不盖，恐怕受损失的不止我一个，说不定你的损失比我的还大。"

地产商十分不解。希尔顿接着说："你知道，自从我买你的地皮盖房子以来，周围的地价已经涨了不少。如果我的房子停工不建，你的这些地皮的价格就会大受影响。如果有人宣传，说我这房子不往下盖是因为地方不好，准备另迁新址，恐怕你的地皮更是卖不上价了。"

"那你想怎么办？"

"很简单，你将房子盖好再卖给我。我当然要给你钱，但不是现在给你，而是从营业后的利润中分期返还。"

虽然地产商极不情愿，但仔细考虑，觉得他说得也有道理。何况他对希尔顿的经营才能还是很佩服的，相信他早晚会还这笔钱，便答应了他的要求。

在很多人眼里，这本来是一件完全不可能做到的事——自己买地皮建房，但是出钱建房的却是卖地皮给自己的地产商，而且"买"的时候还不给钱，而是用以后的营业利润还，但是希尔顿做到了。

从上面的例子我们可以看出：在系统思维中，整体与部分的关系是辩证统一的。整体离不开部分，部分只有在整体中才成其为要素。从其性能、地位和作用看，整体起着主导、统帅的作用。因此，我们在创新活动中观察和处理问题时，必须着眼于事物的整体，把整体的功能和效益作为我们认识和解决问题的出发点和归宿，这样我们才能更好地创新。

系统可"牵一发而动全身"

《红楼梦》中冷子兴述说荣、宁二府时，便说"贾、史、王、薛"这四大家族互有姻亲关系，是一损俱损、一荣俱荣的。后来贾雨村依靠林如海的推荐，最终在贾政的帮助下谋得官职。

这是利用人际关系网办事的一个典型范本。一般情况下，事物间都是普遍存在关联性的。在系统思维的指导下，我们可以利用事物间的关联性分析问题、解决问题。

其实，不止人与人之间的关系是互有联系的网状结构，任何事物也都可以找到与其他事物的关联处。

比如炒股，股票的价格是受多方面因素影响的：国家政治格局、经济政策、企业发展、能源占有，等等。这些因素之间又存在着或多或少的联系，某一方面出现的一点点变动也许就可以影响甚至决定大盘的走向。所以在投资时，股民应利用这些因素与股价的关联性先进行判断，进而做出"买进"或"卖出"的决定。

我们知道了系统有这种关联性，有"牵一发而动全身"的效果，那么我们可适当牵好系统这根"发"，让事情朝着我们所希望的方向发展。

人系统思维法充分利用了事物间的关联性，在既看到"树木"的同时，又能够看到"森林"，而且诸多要素之间是"牵一发而动全身"的关系。用好这种关系，我们就能创造性地解决问题。

在创新活动中，我们要学会从整体上把握事物，学会"牵一发而动全身"的系统思维方法。这样才能掌握系统创新的智慧，才能通过系统思维提升我们的创新力。

要学会"统领全局"

要运用好系统思维，就要学会"统领全局"，也就是要学会从全局把握事物及其进展情况。重视部分与整体的联系，才能很好地从整体上把握事物。

世界上任何事物都可以看成是一个系统，系统是普遍存在的。大至渺茫的宇宙，小至微观的原子，一粒种子、一群蜜蜂、一台机器、一个工厂、一个学会团体……都是系统。可以说，整个世界就是系统的集合。

系统论的基本思想方法告诉我们，面对一个问题时，必须将问题当作一个系统，从整体出发看待问题，分析系统的内部关联，研究系统、要素、环境三者的相互关系和规律性。

有一年，稻田里一片金黄，稻浪随风起伏，一派丰收景象。令人奇怪的是，就在这片稻浪中，有一块地的水稻稀稀落落、黄矮瘦小，与大片齐刷刷的稻田形成了鲜明的对照。

这是怎么回事呢？原来田地的主人急需用钱，就在这块面积为1.5公顷的田块上挖去30厘米深的表土，卖给了砖瓦厂，得了1万元。由于表面熟土被挖，有机质含量锐减，这年春季的麦苗长得像锈钉，夏熟麦子收成每公顷只有1000多千克。水稻栽上后，尽管下足了基肥，施足了化肥，可长势仍不见好。

有人给他算了一笔账，夏熟麦子少收500多千克，损失400元，而秋熟大减产已成定局，损失更大。今后即使加倍施用有机肥，要想使这块地恢复元气，至少需要5年时间，经济损失至少在2万元。这么一算，这块农田的主人叫苦不迭，后悔地说："早知道这样，当初真不应该赚这块良田的黑心钱。"

这位田地主人原本只是用土换钱，并没有看到表土与庄稼之间的关系，结果让他失去更多，需要花费更多的钱来弥补自己的损失。这就是缺乏系统眼光和系统思维的结果。

当我们学会了系统思维，学会了统领全局，能够以一个整体的眼光去看问题的时候，相信在今后的创新活动中我们就可以更容易地把握和处理问题了。

图书在版编目（CIP）数据

影响力 意志力 创新力 / 邢群麟，胡宝林编著．
—- 北京 ：线装书局，2018.3（2018.10）
ISBN 978-7-5120-3066-4

Ⅰ．①影… Ⅱ．①邢… ②胡… Ⅲ．①成功心理—通
俗读物 Ⅳ．① B848.4-49

中国版本图书馆 CIP 数据核字 (2017) 第 316677 号

影响力 意志力 创新力

编　　著：邢群麟　胡宝林
责任编辑：白　晨
出版发行：线装书局
　　　　　地　址：北京市丰台区方庄日月天地大厦 B 座 17 层（100078）
　　　　　电　话：010-58077126（发行部）010-58076938（总编室）
　　　　　网　址：www.zgxzsj.com
经　销：新华书店
印　制：北京海石通印刷有限公司
开　本：880mm×1230mm　1/32
印　张：8
字　数：182 千字
版　次：2018 年 10 月第 1 版第 2 次印刷
印　数：5001—10000 册

定　价：36.00 元

线装书局官方微信